AF474704

JOURNAL

DE VOYAGE

(C.)

JOURNAL
DE VOYAGE
PARIS A JÉRUSALEM
1839 et 1840

5307

PAR

JEAN-BAPTISTE MOROT

Le travail honore et ennoblit.

BIBLIOTHÈQUE IMPÉRIALE
IMPR.

PARIS
IMPRIMERIE DE J. CLAYE
7, RUE SAINT-BENOIT, 7

1869

INTRODUCTION

Le travail honore et ennoblit.

Des circonstances indépendantes de ma volonté ne m'ont pas permis en temps opportun de donner suite à ce mémorial de voyages; aujourd'hui ce sont des souvenirs bien vieux, qui n'offrent plus d'intérêt; le temps et les faits passent si vite!

Ancien négociant, sans érudition, je n'ai pas eu la prétention de faire une œuvre littéraire, mais simplement un journal de voyage, écrit jour par jour pendant mes longues courses, énumérant les faits et les impressions qui auront le plus captivé mon imagination; en le donnant à imprimer, je ne fais que céder à la sollicitation de quelques amis, auxquels je me fais un plaisir de l'offrir. Je compte sur leur indulgence et j'espère qu'ils me pardonneront les détails concernant ma carrière commerciale, au succès de laquelle j'ai dû cette excursion lointaine et dispendieuse, dont je ne cesserai de me louer et de me féliciter, ce voyage étant l'un des plus doux et des plus précieux souvenirs de ma vie.

Jérusalem grandit à mesure qu'on s'en éloigne.

Né à Mâconcourt, petit village à quatre lieues de Joinville, département de la Haute-Marne, le 19 frimaire, an VI de la république française, (9 décembre 1797),

En 1804, je quittai la maison paternelle pour aller habiter avec mon oncle, François Morot, curé à Pouilly-sur-Loire. Mon père, déjà chargé de famille (nous étions alors quatre enfants), vivant de son labeur, trouva très-heureux que mon oncle voulût bien se charger de moi; ma sœur Marie-Louise, Mme Terrillon, la cinquième et la dernière de la famille, est née à Domrémy, village situé à une lieue de Mâconcourt. Mon père était allé s'y fixer plus tard, par des raisons de santé;

c'était d'ailleurs son pays natal. Encore enfant, plein des illusions du jeune âge, je quittai sans regret les moutons confiés à ma garde; il en fut de même de la blouse et de la houlette.

Ma mère m'aimait tendrement, et j'avais pour elle un bien vif attachement; elle était inconsolable et ne voulait pas me laisser partir, car je m'en allais loin d'elle à une assez longue distance et sans communications faciles. Aussi la laissai-je dans un état de désolation et de tristesse extrême.

Je demeurai à Pouilly jusqu'au 2 octobre 1813. Vers la fin de 1812, ayant cessé d'étudier, quoique je susse bien peu de chose, j'utilisai les loisirs de ma dernière année de séjour dans ce pays à faire de la menuiserie et à élever des vers à soie. Mon oncle, plein de bienveillance pour moi, ne pouvant par lui-même assurer mon avenir, prit la résolution de me faire partir pour Paris, afin d'y tenter fortune. J'avais alors quinze ans; c'était entrer bien jeune, surtout sans guide, ni appui, dans un pays où l'immoralité et la débauche, sous un masque trompeur, vous tendent des piéges à chaque pas.

En y arrivant je me plaçai dans une maison de commerce. J'avais emporté tout ce que je possédais : une paire de souliers et quelques chemises, enveloppés d'une serviette. Mon costume était modeste : il se composait d'une petite veste de drap gris croisé, et d'un pantalon de velours.

Seul employé de cette maison, on m'y donna pour logement un réduit, obscur et sans air, triste économie que rien ne saurait excuser. Ma première nuit y fut des plus pénibles, je la passai sans dormir.

J'étais arrivé à Paris sans un but déterminé; n'ayant jamais eu besoin d'argent, je me trouvais heureux; mais j'avais à obéir aux volontés d'un parent que j'aimais et que j'avais quitté avec beaucoup de regret, car il avait pris soin de mon enfance et m'avait tenu lieu de père.

Les occupations auxquelles j'avais à me livrer étaient actives et incessantes; une vie plus calme et plus désintéressée eût été plus dans mes goûts; dans cette agitation fiévreuse le cœur n'avait aucune place, les joies si douces du foyer domestique étaient méconnues.

De graves événements politiques dont Paris

paraissait devoir être le principal théâtre, se passaient alors : quoique je fusse fort jeune, ils ne laissaient de me préoccuper. L'empereur Napoléon Ier, après avoir perdu la bataille de Leipzick (18 octobre 1813) était revenu à Paris pour préparer de nouvelles ressources, et exciter le zèle d'une population, qui jusque-là n'avait cessé de l'aduler.

Cet homme extraordinaire employait tous les moyens en son pouvoir à ranimer le patriotisme des Parisiens : on le rencontrait dans la ville, à cheval, souvent accompagné d'un ou deux aides-de-camp, sans autre escorte que trois ou quatre guides de sa garde. Il visitait tour à tour les marchés, les ports, les quartiers les plus populeux; sa présence excitait un grand enthousiasme. La première fois que j'eus occasion de le rencontrer, c'était au marché des Innocents. Sa figure bronzée, son regard vif et sévère firent sur moi une vive impression.

On s'empressa de réorganiser la garde nationale, et on mobilisa sans distinction d'âge (plutôt pour la forme que pour les résultats, puisqu'on n'avait pas d'armes à lui donner) ce qui restait de valide dans la population. Moi-même, quoique fort jeune, je fus incorporé dans une compagnie de fédérés tirailleurs.

Les forts des halles et des marchés furent aussi organisés en compagnies; réunis dans la cour des Tuileries sous leur costume habituel, ils y furent passés en revue par l'Empereur. C'était une étrange cohue : quelques hommes seulement étaient armés, soit de fusils, soit de piques au-dessous desquelles flottaient de petits drapeaux tricolores. Moyens impuissants ! il fallait plus de cohésion dans la force pour résister à une armée d'ennemis déterminés et altérés de vengeance.

Le commerce était fort inquiet; on venait d'apprendre le passage du Rhin par l'armée ennemie, et l'envahissement du territoire français sur plusieurs points. L'Empereur était reparti pour l'armée et faisait des prodiges de valeur; mais cela n'empêchait pas qu'on ne redoutât la prise de Paris et le pillage qui pouvait en être une des conséquences. Aussi les négociants s'étaient-ils empressés de déménager leurs marchandises et de les déposer en lieux sûrs dont ils avaient fait murer toutes les issues, et afin de dérouter les voleurs, ils avaient enlevé leurs enseignes et fait badigeonner les inscriptions murales.

Dans les quartiers opulents on cachait aussi ce qu'on avait de plus précieux, on s'y munissait de tuiles et de briques aux étages supérieurs, ainsi que de piques bien affilées, emmanchées à de longs bâtons pour s'en servir contre l'ennemi. Nombre de familles avaient poussé la prévoyance jusqu'à s'approvisionner de vivres.

L'armée des coalisés, qui d'abord avait hésité à son entrée sur le territoire français, avait fini par se mettre en mouvement : marchant rapidement et par masses, elle était arrivée après plusieurs batailles à déjouer les calculs de l'Empereur. Le 29 mars 1814, elle campait non loin de Paris, et le 30 de grand matin on se battait avec acharnement sous les murs de la capitale, le bruit de la canonnade s'y faisait entendre et y jetait une vive terreur, qu'augmentait la présence des habitants des campagnes venant s'y réfugier en foule avec leur bagage et racontant de l'ennemi mille actes de cruautés.

En vain évoquait-on les souvenirs de 93 pour surexciter le patriotisme : la génération de cette époque n'était plus; quelques gardes nationaux seulement prirent volontairement part au combat; nombre d'autres, bien que sollicités par le bruit des tambours, les cris aux armes, et les coups redoublés frappés à leurs portes, restèrent enfermés chez eux. On craignait la descente des faubourgs Saint-Marceau et Saint-Antoine, qui, disait-on, avaient formé le projet de se joindre à l'armée ennemie pour piller, et chacun se mettait en mesure de défendre sa propriété. C'est ainsi que, faute d'union, dominé par un triste égoïsme on se laisse vaincre.

Toute la journée on compta sur Napoléon qui devait arriver avec son armée au secours de Paris. Vaine attente! les événements se précipitaient avec rapidité. Le roi Joseph, que l'Empereur avait nommé régent avant son départ pour l'armée après avoir présidé à quelques travaux de défense, fut rejoindre Marie-Louise, partie précipitamment pour Blois.

Les points attaqués par l'ennemi avec le plus d'opiniâtreté, étaient la plaine Saint-Denis, le village des Vertus, les buttes Montmartre et Chaumont. Les rues Saint-Denis, Saint-Martin, et les voies adjacentes étaient remplies de blessés, dont la présence répandait une épouvante générale ; à chaque instant on s'attendait à voir l'ennemi paraître : les magasins étaient fermés, chacun s'y était barricadé, on ne voyait circuler dans les rues que quelques gens à figure suspecte qu'on ne rencontre qu'à l'époque des révolutions, parce qu'ils y ont tout à gagner. Ces misérables se plaisant à répandre l'effroi, s'écriaient à tous moments : Les voilà ! les voilà ! en parlant de l'ennemi, et chacun de rester coi, sous l'impression de la terreur, les plus hardis se contentant de regarder furtivement par des ouvertures d'où ils pouvaient voir dans la rue, sans être aperçus du dehors.

Les hommes sensés durent se convaincre que s'il n'arrivait pas de secours extérieurs, l'ennemi entrerait le lendemain à Paris, de gré ou de force. En effet, le 31 mars, au point du jour, on apprit la capitulation de Paris, et plus tard la défection du maréchal Marmont, duc de Raguse.

Le même jour, à midi, l'armée coalisée, précédée de ses souverains, faisait son entrée par la porte Saint-Martin dans la capitale de l'empire français.

Il en fut de l'avénement des Bourbons, comme de la révolution de juillet, personne n'y pensait, excepté ceux qui avaient tout arrangé à l'avance ; car les premiers cris de *vivent les Bourbons*, et la première apparition de la cocarde blanche, qui eut lieu sur le boulevard Bonne-Nouvelle au moment où l'armée ennemie défilait, jetèrent la population dans un étonnement d'autant plus grand que la génération nouvelle ne connaissait cette dynastie, et n'avait l'idée d'un autre gouvernement, Napoléon ayant détrôné tous les souverains qu'il avait vaincus.

Peu à peu ces quelques cris isolés répandus par d'adroits émissaires, dans la foule, toujours empressée, là où il y a quelque chose à voir, et surtout lorsqu'il s'agit d'événements sans précédent, prirent une certaine consistance, et se répandirent avec une rapidité surprenante. En pareil cas, bien des gens crient par habitude, d'autres par calcul, ces clameurs ne sont pas toujours l'expression fidèle des sentiments de la nation.

Les coalisés purent compter dès ce moment de nombreux partisans, qui, le soir même, leur donnaient des preuves de sympathie, en venant insulter au malheur de Napoléon. Au moyen de cordages qu'ils avaient enlacés autour de sa statue, placée au sommet de la colonne de la grande armée, ils essayèrent, mais inutilement, de la renverser.

L'armée ennemie fit son entrée à Paris avec calme et sans accident. Les postes qui, quelques instants avant, étaient occupés par des soldats français, furent relevés par les alliés. J'ai vu de nos malheureux soldats quittant leur poste, arracher leurs épaulettes avec rage, eux qui avaient vaincu l'Europe!

Les Cosaques, pour qui les abris étaient inutiles, vinrent camper dans la soirée sur la place de la Concorde, au Carrousel et aux Champs-Elysées. Ces hommes, rompus aux fatigues de la guerre, étaient d'une saleté repoussante, et traînaient à leur suite un butin considérable, fruit de leurs rapines en Lorraine et en Champagne. Des pièces de canon (mèches allumées) étaient braquées à l'entrée des ponts, sur les places et aux Champs-Élysées.

Peu à peu, les Parisiens s'accoutumèrent à l'idée d'un changement de dynastie qui paraissait devoir s'opérer; ils y voyaient le terme d'une lutte qui avait fatigué leur patriotisme.

Les alliés faisaient de grandes dépenses ; tous les quartiers de Paris étaient fréquentés incessamment par leurs officiers et leurs soldats, qui faisaient des emplettes.

Les affaires avaient repris leur cours, les marchands gagnant de l'argent étaient contents ; aussi Louis XVIII arrivant à Paris y fut-il salué du nom de libérateur, et Napoléon oublié de bien des gens naguère ses partisans.

Mon esprit est resté si frappé de ces événements, dont j'ai été témoin, et j'en ai conservé un si vif souvenir, que j'ai cru devoir les rappeler ici.

La situation, quoique devenue plus rassurante, n'était cependant pas sans danger : des passions violentes et de grands intérêts s'agitaient, c'était à chaque instant des luttes intestines ; elles finirent par amener les événements de 1815. Lutte héroïque, inégale, désespérée, qui prouva une fois de plus à nos ennemis la grandeur de la France.

Ces agitations incessantes ne me faisaient pas présager pour l'avenir la quiétude que j'eusse souhaitée pour embrasser une profession. Seul à Paris, je m'y ennuyais, et j'avais le plus vif désir de retourner à Pouilly auprès de mon oncle, non pour y vivre dans l'oisiveté, mais pour y rechercher une occupation plus en rapport avec mes goûts. Je lui fis part de mon projet, il ne l'approuva pas ; je dus donc rester ici et poursuivre ma carrière.

Au prix d'un travail assidu et de grandes privations, que me faisait supporter l'habitude de la médiocrité, j'amassai, quoique simple employé, de quoi fonder un petit établissement commercial. Depuis, il a grandi et m'a donné après un certain temps de quoi suffire à mes besoins.

Le 1er janvier 1839 (par des raisons de famille), je quittai mon établissement, non sans un certain regret que je ne laissai apercevoir. L'habitude a souvent une si grande part dans notre existence, je me séparais avec peine de nombreux amis et de correspondants qui m'avaient donné maintes fois des témoignages de bienveillance..

Encore une fois seul, je dus, pour éviter les funestes conséquences d'une transition aussi subite, chercher à utiliser mes loisirs d'une manière agréable et instructive. J'avais lu quelques ouvrages sur l'Orient, il m'en était resté des souvenirs intéressants. Je ne crus pouvoir faire mieux que de tenter un voyage dans ces contrées.

Combien ma mère, si pieuse et si bonne, eût été heureuse d'apprendre que j'étais allé à Jérusalem visiter le tombeau de Notre-Seigneur Jésus-Christ. Mais elle n'a pu jouir de ce bonheur; elle était remontée au ciel.

A l'heure où je transcris ces notes, mon père et mon oncle sont allés la rejoindre. Le toît paternel est désert; l'arbre est brisé, les branches sont dispersées. — Telle est la vie!

DE PARIS
A JÉRUSALEM

CHAPITRE PREMIER

> Ces souvenirs, en me procurant un travail paisible, semblable à un doux sommeil, seront une des jouissances les plus douces de ma vie.

20 février 1839. — *Paris a Marseille.* — Je pars seul, je glanerai sur ma route de quoi consoler ma vieillesse dans ses mauvais jours.

Quelques instants avant mon départ, je reçois les adieux de mes bons amis, Guiot et Malicet. Je fus on ne peut plus sensible à ces marques d'affection et de bon souvenir.

Mon excellent oncle, le curé de Pouilly, ignore mon voyage, je me suis bien gardé de l'en prévenir; sa sollicitude pour moi est si grande, qu'il eût fait tous ses efforts pour m'en dissuader. Deux heures du soir, je quitte Paris par les voitures Laffitte et Caillard, le temps est affreux, il fait un froid qui vous glace, la neige tombe par gros flocons.

21 février. — Déjeuner à Auxerre, le temps s'est un peu adouci, la neige a cessé, mais la pluie tombe.

Auxerre, qui me rappelait mon jeune âge : en 1804, j'y passai avec mon père, qui me conduisait à Pouilly; depuis lors je n'y étais revenu; j'ai revu avec plaisir son antique cathédrale ornée de son beau portail et de ses beaux vitraux; à un certain âge, on chérit les lieux où on a passé autrefois, comme des souvenirs de l'existence.

Je traverse Vermanton et viens dîner à Avallon.

J'occupe le coupé de la diligence avec deux autres voyageurs; l'un d'eux, médecin américain, voyage pour son instruction; quant à l'autre, je n'ai pu savoir ni son nom, ni sa profession; esprit distingué, il parle de tout avec une extrême facilité; l'archéologie paraît surtout lui être très-familière; la nature lui a départi un visage disgracieux, mais elle l'en a dédommagé en le douant d'un esprit supérieur.

La politique se mêle un peu à notre conversation ; elle offrait alors, on le sait, un puissant intérêt.

22 février. — L'approche des Vosges a ramené le froid et la neige; nous déjeunons à Arnay-le-Duc. Une certaine intimité s'est établie entre moi et mes compagnons de voyage; nos petites causeries continuent : elles ont cela d'agréable, que c'est avec convenance que chacun discute et émet son opinion. Aussi n'est-ce pas sans regret que nous nous séparons à Châlon-sur-Saône, où nous arrivons à huit heures du soir.

23 février. — A la pluie a succédé un vent des plus violents, qui ne cesse que vers trois heures du matin; la lune sortant des nuages projette au loin sa clarté et me permet de distinguer les habitations élégantes dont la route est bordée. Nous arrivons à Mâcon à dix heures du matin. Quel beau pays que ce riche Mâconnais, si fertile et si productif. — Quatre heures du soir : Lyon, cette cité, qui se recommande par sa situation admirable et ses sites enchanteurs où s'échelonnent de magnifiques villas, est d'une malpropreté remarquable. Ses rues étroites et mal pavées sont sales et puantes, ses maisons très-élevées ont un aspect sombre et triste. Et c'est pourtant dans cette poussière humide que se fabriquent les plus belles et les plus riches étoffes du monde!

24 février. — Outre des établissements de commerce nombreux et importants, Lyon a des monuments remarquables : sa vieille cathédrale, son hôtel de ville, son hôtel-Dieu, ses quais, sa place Bellecour, son antique chapelle dédiée à la Vierge au sommet du côteau de Fourvière, refuge de la douleur, asile de consolation et d'espérance, qu'il faudrait créer s'il n'existait pas.

25 février. — Six heures du matin : départ pour Avignon par le bateau à vapeur. Je rencontre à bord une société des mieux choisies et des plus agréables, où règnent la gaieté, la grâce et l'aménité ; elle me fera oublier la longueur et les ennuis d'une route trop monotone.

Sept heures : Vienne, le bâteau s'y arrête quelques instants; les plus curieux d'entre les passagers en profitent pour aller jeter un regard rapide sur la cathédrale, monument d'un beau gothique. C'est dans les murs de cette ville que le pape Clément V, en présence de Philippe le Bel, assembla le concile à jamais célèbre dans les fastes du fanatisme, par l'injuste condamnation des Templiers.

Le bateau passe successivement à Condrieux, à Tournon, d'où l'on voit sur la rive opposée du fleuve les coteaux de l'Hermitage et de Côte-Rôtie, si renommés par la qualité des vins qu'on y récolte.

— Valence, où le pape PIE VI termina ses jours en 1798. Un monument, dû au ciseau de Canova, a été élevé à sa mémoire dans la cathédrale.

— Montélimart, jolie ville : le Vivier, dont la position est pittoresque, Bourg, Saint-Andéol et le Pont-Saint-Esprit. L'air embaumé des contrées méridionales se fait déjà sentir; les côtes du Rhône ne répondent pas à mon attente; elles sont généralement arides et dénudées; les montagnes de l'Ardèche, qu'on aperçoit se dessinant dans le lointain, paraissent encore plus nues et n'offrent pas un aspect agréable.

Nous approchons d'Avignon : chacun des passagers est invité à régler son compte avec le maître-d'hôtel du bord. Un jeune militaire aux allures joviales, ayant outrepassé ses moyens, quelques passagers lui avancent généreusement de quoi s'acquitter; en échange de cette politesse, il les gratifie d'une scène des plus comiques et des plus amusantes où fourmillent toutes sortes de saillies et de bons mots d'une originalité d'expressions qui n'appartient qu'aux viveurs de profession.

Sept heures du soir : Avignon. Chacun reconnaît son bagage et y veille pour le défendre de la rapacité des portefaix, qui souvent s'en emparent malgré les propriétaires.

Ne faisant que passer, il ne m'est pas loisible de visiter cette antique cité aux murailles crénelées, ancien séjour des papes et patrie de Laure, illustre amante de Pétrarque.

26 février. — Parti de grand matin : la route, légèrement accidentée, traverse un sol ondulé, couvert de vignes, d'oliviers et de figuiers.

Midi : Nîmes, ville charmante, assise au milieu d'une vaste plaine, entourée de toutes parts de légères collines ; ses Arènes étonnent le regard par leur aspect grandiose et magnifique. La vue de ce théâtre de jeux sanglants, et qui pouvait contenir près de vingt mille âmes, fait naître bien des réflexions.

Qu'est devenue cette république établie au profit de quelques-uns? Qu'est devenu ce peuple aux instincts barbares? Tout est rentré dans le néant, ses monuments seuls sont restés debout pour attester sa grandeur passée; Dieu seul ne périt point, lui seul est grand; à lui nos pensées et nos désirs; c'est à lui que nous devons l'existence; lui seul peut nous rendre heureux par la pratique des vertus et des bons sentiments qu'il nous inspire.

La Maison Carrée, ancien temple élevé par Adrien, est un chef-d'œuvre d'architecture dont le carré régulier est orné sur toutes ses faces de colonnes d'ordre corinthien. Il ne reste du temple et des bains de Diane que de légers vestiges auprès desquels on a étagé une magnifique fontaine et de superbes jardins.

A mesure qu'on s'éloigne du centre de ses habitudes et de ses affections, on recherche avec avidité ce qui peut les rappeler.

27 février. — Cinq heures du matin. Je quitte Nîmes à neuf heures. Je traverse Beaucaire. La foire qui s'y tient annuellement est connue du monde entier.

Dix heures : Tarascon. Beaucaire et Tarascon, assez rapprochées l'une de l'autre, ne sont séparées que par le Rhône; elles communiquent entre elles par un pont en fil de fer, construit avec beaucoup de hardiesse et d'habileté. Je passe ces deux villes sans m'y arrêter; il en est de même de Saint-Rémy, patrie de Nostradamus, et d'Orgon.

Aix, quatre heures du soir : j'y reste trois heures; c'est assez pour en voir la cathédrale et la jolie promenade de l'Orbitelle.

Marseille, neuf heures.

28 février. — Marseille, l'une des plus anciennes villes du royaume. Fondée par une colonie grecque 600 ans avant notre ère.

J'y reçois l'accueil le plus cordial et le plus empressé de M. E. Gautier, négociant marseillais auquel je suis recommandé. Il me remet les lettres dont je puis avoir besoin pour l'Égypte, où il a de nombreuses relations.

1er mars. — L'amitié a des droits qu'il ne faut pas méconnaître. J'ai ici un ami que j'ai désiré voir avant mon départ; ses enfants que je ne connaissais pas, ainsi que le père et la mère, me comblent de prévenances et de politesses; charmante famille, dont je ne puis me séparer qu'en lui promettant de venir m'asseoir ce soir à sa table.

Cet accueil si amical et si doux, ces témoignages de sympathie et d'affection, sont inappréciables pour moi, qui m'en vais seul dans des contrées lointaines où je ne dois plus trouver d'amis. Marseille, ville d'une beauté incontestable, est appelée par son commerce, si étendu et toujours croissant, comme par sa position, à devenir la reine de la Méditerranée.

CHAPITRE DEUXIÈME.

L'homme a besoin de peu de chose,
et n'en a pas besoin longtemps.
(GOLDMISTH.)

2 mars. — Livourne, Civita-Vecchia et Malte. Le mistral, qui n'avait cessé de souffler depuis mon arrivée en Provence, s'est apaisé aujourd'hui.

— Cinq heures du soir : je me rends à bord du vaisseau le *Rhamsès,* capitaine Dufresnil. Le soleil, qui s'abaisse sur l'horizon, répand avec magnificence ses derniers rayons sur la mer. Quel beau spectacle !

— Six heures : le timonier est à son poste, le matelot de quart sonne la cloche, on lève l'ancre. En mer, vent du sud. Nous filons deux lieues à l'heure. — Huit heures, nous découvrons dans le lointain les îles d'Hyères. Le vaisseau fend rapidement les ondes, et m'emporte loin de mon pays. Dois-je jamais le revoir? Le soleil a disparu depuis longtemps; il ne me reste que l'aspect de la mer et des étoiles.

Entre l'immensité du ciel et de la mer, l'imagination livrée à elle-même au sein de ce spectacle grandiose, se laisse aller à de vagues et douces rêveries.

3 mars. — Belle mer, légèrement agitée, vent sud-ouest.

Midi : nous laissons à droite l'île de Corse et sa longue chaîne de montagnes, encore couverte de neige; à gauche les côtes de l'Italie; les Alpes sont aussi couvertes de neige.

La Corse a été possédée tour à tour par les Carthaginois, les Romains, les Barbares, les Gênois et enfin par la France, à laquelle elle est annexée depuis 1768. Napoléon, le plus grand capitaine des temps modernes, est né dans sa capitale, Ajaccio.

Neuf heures : nous longeons à demi portée de boulet l'île de la Gorgone.

Dix heures : nous passons à même distance

de celle de Capraja; un clair de lune superbe favorise notre navigation, et la rend des plus agréables.

Minuit : Le vaisseau stope et laisse tomber l'ancre dans la rade de Livourne.

Le plus parfait silence règne à bord, on n'entend que le murmure des flots caressant les flancs du navire. Beau ciel d'Italie, air embaumé, étoiles brillantes de clarté.

4 mars. — Cinq heures du matin : un léger bruit, augmentant graduellemeut, nous avertit que les habitants de Livourne sont éveillés.

Le bâtiment devant rester en rade jusqu'à midi, nous débarquons. Ce qui m'a le plus frappé en entrant dans la ville, ce sont les forçats organisés par escouades, que j'ai trouvés balayant les rues; ils étaient enchaînés, et leur costume avait cela de particulier que sur le dos de leur veste brune était inscrit le crime qu'ils avaient commis.

Livourne se développe sur une longue étendue au pied d'une chaîne de montagnes. Le port n'est séparé de la mer que par un banc de rochers. Le phare, qui en indique l'entrée, est très-élevé et d'une construction élégante.

Sur la place de la Darse s'élève une statue en marbre, qui représente Ferdinand Ier en vainqueur avec quatre esclaves en bronze à ses pieds. Les églises, d'un extérieur peu grâcieux, sont décorées à l'intérieur avec magnificence. La synagogue passe pour être une des plus belles de l'Europe.

L'heure du départ approchant, je me dirigeais lentement vers le port, lorsque je fus agréablement surpris de rencontrer le médecin américain avec lequel j'avais voyagé précédemment. A peine avions-nous eu le temps d'échanger quelques paroles, qu'il fallut nous séparer. Deux coups de canon, qui venaient d'être tirés, me rappelaient à bord. Singulière destinée que celle d'un voyageur!

Une heure : on lève l'ancre. La mer est houleuse, de gros nuages se sont amoncelés à l'horizon; nous avons à craindre une tempête.

Neuf heures : nous distinguons la lumière des habitations qui bordent la côte de l'île d'Elbe.

5 mars. — Sept heures du matin : en vue de Corneto, l'ancienne Tarquinium des Romains; les champs reverdissent, les arbres fruitiers sont en fleurs; c'est la température de la mi-avril à Paris.

Neuf heures : mouillés en rade de Civita-Vecchia. Quantité de petites chaloupes accourent à nōtre bord; c'est un spectacle des plus bruyants et des plus animés; ceux qui les montent invitent les passagers à y descendre pour les mener à terre.

Civita-Vecchia, quoique médiocre par elle-même, est fortifiée; cette petite ville doit son importance à sa situation et à son port, le seul que possède le pape dans la Méditerranée. Malgré l'irrégularité de ses rues et de ses habitations, son aspect est assez agréable; ses églises sont fort belles. Je préférerais moins de luxe et plus d'humilité dans ces sanctuaires de la prière.

Deux amis de Paris, venant de Rome et allant à Athènes étudier l'architecture, prennent passage à bord. Lié intimement avec la famille de l'un d'eux, cette rencontre est pour moi une bonne fortune, éphémère il est vrai; mais elle m'en fait espérer d'autres.

Six heures. La Sardaigne et ses hautes montagnes nous apparaissent; cette île, séparée de Corse par un détroit de peu d'étendue, appartient depuis deux siècles au royaume dont elle porte le nom. Après avoir longtemps subi le joug des Musulmans, elle en a été délivrée par les Génois et les Pisans.

Le vent qui depuis le matin n'avait cessé de nous être favorable, change tout à coup, il s'élève et devient impétueux; contrarié par les cordages de la voilure, il les agite et en fait sortir des sons que n'eussent dédaigné les harpes éoliennes. La mer se tourmente, la lame devient furieuse, et se brise contre les flancs du vaisseau.

6 mars. — Le mauvais temps continue; peu s'en faut que nous ne relâchions à Naples. J'aurais été heureux de revoir cette ville si intéressante, sa baie, son Vésuve, qui font de ses environs un des plus beaux panoramas du monde. Herculanum et Pompéï, ces deux cités jadis riches et prospères, enfouies depuis près de vingt siècles dans les entrailles de la terre, ne m'eussent pas moins intéressé.

Pompéï, dégagée du linceuil qui la recouvrait, nous montre ses maisons, ses rues, telles qu'elles étaient au moment de la catastrophe, en l'an 79 de notre ère.

Au lieu de passer par le détroit de Messine, où jadis Carybde et Scylla, deux fameux écueils, glaçaient d'effroi les navigateurs, nous prenons la haute mer, espérant qu'elle nous sera plus favorable.

7 mars. — Le temps, loin de s'améliorer, est devenu plus mauvais; la mer ne cesse de battre l'avant et l'arrière du vaisseau, à tout moment nous descendons dans les profondeurs d'un abîme, d'où nous ne sortons que pour y rentrer aussitôt. Équipage et officiers sont en permanence, la nuit a été affreuse, la tempête était si terrible que le capitaine a dû s'attacher au grand mât, pour éviter d'être emporté à la mer.

L'un des passagers saisi de frayeur, désirait faire son testament et n'a cessé de le demander avec insistance.

Le capitaine avait à penser à une chose plus sérieuse, le salut de tous; aussi n'a-t-il pu se rendre au désir de ce passager dont on ne parvient à calmer l'effroi, qu'en lui assurant qu'il n'y a nul danger de périr, mais que si malheureusement et contrairement aux prévisions, cela arrivait, il n'y aurait chance de salut pour personne, et que dès lors sa précaution devenait inutile; triste alternative pour un esprit timoré.

8 mars. — Au jour, on annonce l'île Maritimo. Vain espoir, la tempête continue, la foudre gronde, l'éclair sillonne la nue, la pluie tombe à torrents, le bâtiment a peine à résister aux nombreuses lames qui s'amoncèlent autour de lui; la mer est horrible, toutes les incommodités du roulis se font sentir; tout crie et gémit à bord.

Ayant perdu notre estime, nous ne pouvons préciser où nous sommes. On jette le loch; ceux des passagers qui ont conservé leur libre arbitre, s'élancent sur le pont, impatients de savoir combien de nœuds nous filons, et en quel lieu nous pouvons être.

Quatre heures du soir. On signale un brick dont la position n'est pas moins critique que la nôtre, ses voiles sont reployées, ses vergues abattues, ses écoutilles et ses sabords fermés. On n'aperçoit que le timonier à la barre, laissant courir au gré des flots.

Après avoir tiré plusieurs coups de canon, le capitaine saisissant le gouvernail fait tous ses efforts pour arriver au plus près; le mugissement des lames est tel, que la voix se perd; il ne parvient à apprendre qu'une seule chose, c'est que nous ne devons pas être éloignés des côtes de Tunis.

9 mars. — On croit découvrir le cap Pesaro; il n'en est rien, je me rappelai les malheurs d'Ulysse et de ses compagnons, jetés dans cette île.

Vers les huit heures, une éclaircie de soleil nous fait espérer un temps plus favorable, mais bientôt le ciel s'assombrit, de nouveaux orages s'apprêtent à fondre sur nous, déjà on entend le tonnerre gronder au loin.

Nous cherchions vainement un port de refuge sur cette mer agitée, lorsque vers trois heures de l'après-midi la lame devient moins furieuse, le ciel s'est éclairci, ce changement nous permet de nous reconnaître, chacun de nous de reprendre courage; il y a encore pour huit heures de charbon. On met le cap sur Malte; après une navigation des plus heureuses, nous y abordons à onze heures du soir.

Le port était illuminé, on y donnait une fête en l'honneur de la reine douairière d'Angleterre. Les vaisseaux étaient pavoisés, leurs entreponts, éclairés par des flots de lumières, étaient remplis de danseurs et de danseuses.

Je resterai ici plusieurs jours pour y prendre un peu de repos. Quoique sur un sol hospitalier, j'ai passé une mauvaise nuit, je n'ai cessé de rêver tangage et roulis; sous l'impression pénible de ce rêve, il m'est arrivé plus d'une fois de m'éveiller en sursaut, et de me cramponner aux barres de fer de mon lit, pour m'y retenir.

10 mars. — Mes deux amis sont venus me voir dès le matin; ils poursuivent leur voyage et se rendent directement à Athènes, où je dois les retrouver.

Préoccupé des épisodes fâcheux qui surgissent souvent dans une aussi longue course, je deviens incertain, et j'hésite sur l'accomplissement de mon plan de voyage; mais en regardant le ciel, ce ciel si pur, le plus beau du monde, toute incertitude cesse.

11 et 12 mars. — La cité Valette, capitale de l'île de Malte. Le nom de cité Valette lui vient de ce que le grand maître Parissot de la Valette eut l'honneur de la conserver à la chrétienté, en la défendant contre les Turcs en 1505

Ses maisons et ses édifices sont construits en pierres blanches; ses rues larges et spacieuses, d'une propreté remarquable, bordées de trottoirs, sont pour la plupart macadamisées; celle qui part de la Place du Gouvernement pour aboutir à la porte qui conduit à la Florianne est magnifique; c'est le Corso de la Cité. Des mieux fortifiées, ses bastions, ses fossés, sont taillés dans le roc. Lors de sa prise par l'armée française d'Orient, en 1798, Caffarelli Dufalga, qui commandait le génie, se mit à dire à Napoléon, après en avoir fait le tour : « Nous sommes heureux d'avoir trouvé quel-« qu'un ici pour nous en ouvrir les portes, sans « cela je ne sais comment nous y serions en-« trés[1]. »

Ses glacis, couverts de fleurs, ressemblent à des prairies émaillées; de nombreux troupeaux de chèvres conduits par des bergers, viennent y paître.

13 mars. — Malte. Son sol uniforme est découpé en petites parcelles, séparées les unes des autres par des murs en pierres sèches;

1. Extrait de l'*Histoire de Napoléon*.

l'oranger et le citronnier y croissent à merveille. La flore tropicale s'y épanouit en toute sécurité; quant aux céréales, leur culture est tout ce qu'on peut attendre d'un sol calcaire recouvert d'une légère couche de terre végétale, que fertilise la chaleur du climat; le blé y atteint cependant une certaine hauteur, il en est de même des plantes fourragères, notamment celle du trèfle incarnat, dont la fleur vivement colorée anime le paysage et produit un effet agréable; on y cultive aussi un coton dont la qualité est excellente.

La grande chaleur fait déserter la ville pendant le jour, mais dès le soir, la population se répand dans les rues, et court aux promenades. Là, la grande dame coudoie la jolie grisette, au teint frais, à la belle carnation, reconnaissable à son voile appelé *Faldetta*, qui lui couvre la tête et les bras, et qu'elle porte à merveille. On y voit également l'élégant se confondre avec le prolétaire qui vivant au jour le jour; heureux dans sa paresse, qu'il lègue aux siens, il se promène et chante sans le moindre souci.

Aux abords des promenades et sur les place

publiques stationnent de nombreuses voitures dans le genre de celles de Naples. Le conducteur appuyé légèrement sur l'un des brancards, suit son cheval à la course, et semble vouloir partager ses fatigues. On y trouve aussi de jolis petits chevaux, sellés et bridés, tenus en laisse, qu'on offre aux amateurs; pour un ou deux francs ils peuvent faire une course assez longue.

Dans la soirée, j'en ai monté un pour aller au village de Saint-Antoine, visiter la maison de campagne du gouverneur, qui fut celle du grand maître des chevaliers de Malte.

14 mars. — Le lieutenant W***, de la marine anglaise, mon compagnon de cabine depuis Marseille jusqu'ici, est venu me voir ce matin pour me rappeler ma promesse d'aller le visiter à son bord. Il commande la corvette B., faisant partie de la flotte anglaise de la Méditerranée; j'acceptai avec empressement sa gracieuse invitation.

A dix heures, je me suis rendu au port, où m'attendait sa chaloupe; arrivé à son bord, il m'en fait les honneurs de la manière la plus aimable, et me conduit à l'arsenal qu'il désire me faire connaître. Cet établissement, vaste et spacieux, renferme tout ce qui peut être utile à la défense de la place et à l'armement des vaisseaux; nous allons ensuite visiter les vaisseaux le *Vengard* et la *Princesse Charlotte*, où je reçois l'accueil le plus cordial et le plus empressé.

15 mars. — La Florianne est une promenade délicieuse hors de la ville. Aux heures matinales, on y respire un air frais et des plus agréables; aussi les promeneurs y sont-ils toujours nombreux. Ce jardin, fort bien planté, est orné de jolis bosquets coupés d'allées, qui serpentent à la manière anglaise.

Un heureux hasard me fait rencontrer un compatriote, M. de la V***, qui, ayant le désir de visiter l'Orient, et sachant que je dois partir sous peu, me propose de m'accompagner. C'était une trop bonne fortune pour être refusée; aussi acceptai-je avec empressement, car voyager seul dans des contrées lointaines, est d'une tristesse désolante, à moins qu'on ait un but déterminé, et encore le voyage est-il souvent ennuyeux.

De l'un des vaisseaux de la flotte, j'ai assisté ce soir à la retraite; toutes les vergues se sont couvertes de matelots, la musique s'est fait entendre, le pavillon a été amené. A ce spectacle animé et imposant, dont la durée a été de quelques minutes, a succédé le plus grand silence.

16 et 17 mars. — Le palais du Gouvernement, édifié sur une fort belle place, où l'on exécute journellement des symphonies musicales, n'a d'intéressant que la salle dite des Armures, consacrée presque entièrement à celles des chevaliers de Malte. Les hôtels de ces chevaliers subsistent encore; ce sont de vastes et magnifiques constructions, d'une belle et noble architecture.

L'église Saint-Jean, cathédrale de l'île, est un monument fort curieux; l'obscurité qui y règne a quelque chose d'imposant, et représente bien le sanctuaire religieux. Elle est ornée avec profusion, les clefs de Rhodes sont suspendues aux deux côtés de l'autel, le pavé du temple est recouvert en entier de pierres sépulcrales surchargées d'armoiries incrustées de jaspe et d'agate. Dans l'une des chapelles, à gauche du maître-autel, se trouve le mausolée du comte de Beaujolais, fils du roi Louis-Philippe.

18 mars. — Je quitte Malte en compagnie de M. de la V***. J'ai dû à la généreuse hospitalité de mon hôte, M. G***, et aux soins empressés de sa femme et de sa jeune fille, pleine de grâce et d'amabilité, de me reposer agréablement.

Sept heures ; à bord. Sept heures et demie, le vaisseau appareille.

CHAPITRE TROISIÈME.

NAPOLI DE MALVOISIE, SYRA, LE PIRÉE, ATHÈNES, ELEUSIS, SALAMINE, MARATHON.

L'argent ne peut donner le bonheur, il faut le demander au travail et à la vertu.

Après une matinée assez calme nous avons du froid, du vent et de la pluie.

19 mars. — Mer furieuse, la plupart des passagers sont indisposés.

20 mars. — Dix heures du matin. Le Cap Matapan et les monts Taygètes nous apparaissent. Nous voyons enfin la Grèce, ce berceau des beaux-arts ; de loin, on aperçoit quelques villages dispersés sur le penchant des montagnes, on les reconnaît à quelques bouquets de verdure semés sur un sol pierreux et stérile.

Après avoir dépassé le cap Matapan et l'île Cérigo, l'ancienne Cythère, nous restâmes longtemps sans pouvoir doubler le cap Malio, ou Saint-Ange.

Deux heures, Napoli de Malvoisie, petite ville dans l'état le plus déplorable; ses murailles et ses maisons tombent en ruines, son port peu spacieux ne peut recevoir que de légères barques.

Sparte, la cité de Lycurgue et de Léonidas, a disparu pour faire place à un modeste village.

L'Eurotas, humble et petite rivière, continue de rouler lentement ses eaux dans des massifs de roseaux et de lauriers-roses qui croissent sur ses bords.

Les côteaux où se récolte le vin qui donne encore de la célébrité à ce pays, contrastent agréablement avec les plaines et les campagnes desséchées qui les environnent.

21 mars. — Une légère brise favorise notre navigation à travers les différentes petites îles que nous côtoyons.

Trois heures du soir. Syra, ou Hermopolis, l'une des Cyclades.

22 mars. — Syra. Ses maisons blanchies à la chaux vive, les moulins à vent dont les toiles déployées s'espacent dans son pourtour, lui donnent un aspect des plus pittoresques. Bâtie en amphithéâtre au fond d'un magnifique port, Syra se divise en deux quartiers, le plus haut habité par la classe aisée, a des demeures élégantes dont les terrasses sont garnies de fleurs. Du plateau supérieur de l'île, on découvre les îles de Tinos, Paros et Andros; il est aride, ce ne sont que roches superposées au milieu desquelles on distingue des parcelles de terre cultivées, très-fertiles autrefois; le sol est peu productif aujourd'hui.

Vers neuf heures du soir, le port de Syra offre une perspective des plus curieuses et des plus intéressantes. Chacun des bâtiments qui y stationnent sert de résidence au patron, à ses matelots, et souvent à sa famille, c'est l'heure du repos pour cette population amphibie; aussi la voit-on quitter la ville par petits groupes et se diriger vers ses pénates, en chantant gaiement les refrains d'airs patriotiques familiers à ces contrées. Les uns sont munis de torches résineuses, les autres de lumières plus brillantes, ils vont ainsi de barque en barque, jusqu'à ce qu'ils soient arrivés à la leur.

Au milieu de ces groupes on distingue de jeunes et jolies femmes qui accompagnent leurs maris, et dont le beau profil se dessine à merveille à la clarté de ces lumières, qui se réfléchissent dans le miroir des eaux, ce qui donne au port l'aspect d'une ville habitée.

Dix heures. Nous prenons passage à bord du *Mentor*, allant à Athènes.

Minuit. Nous longeons les îles Zéa et Thermia. La nuit est des plus agréables, la lune et les étoiles semblent se balancer dans les cordages du vaisseau.

L'aspect d'une belle nuit réveille en nous des sentiments tendres et des souvenirs affectueux. Rien n'est plus propre à consoler des peines de la vie que la vue de cette multitude de mondes, de cette poussière d'étoiles semée dans l'étendue du firmament. En présence de cette immensité, quel homme n'a senti le néant des choses humaines ?

23 mars. — Trois heures du matin. Des cris retentissent tout à coup, cris horribles, pleins d'angoisses et de désespoir. Le matelot de quart placé au bossoir, s'étant endormi, n'avait point signalé la présence d'un bâtiment grec, naviguant de conserve avec nous. Nous faillîmes le couler par suite d'un changement de manœuvre. Je vois encore ces malheureux, les bras et les mains tendus vers le ciel, l'implorant pour leur salut, et le danger passé, le remercier de leur délivrance.

La vie d'un marin à bord est un péril de tous les instants. Le danger passé, il court en affronter de nouveaux.

Quatre heures. Nous doublons le cap Sunium ou cap Colonne : le promontoire est dominé par plusieurs colonnes d'une grande blancheur, derniers vestiges d'un monument où Platon enseignait à ses disciples les lois de la sagesse divine. Au-jour, nous distinguons l'Acropolis et son admirable Parthénon.

Sept heures. Nous saluons au bord de la mer, les débris épars du tombeau de Thémistocle.

Huit heures. Le *Mentor* mouille dans les eaux du Pirée. Notre bâtiment n'étant pas en libre pratique, nous avons à subir les conséquences de cet état de choses. En débarquant, on nous conduit au Lazaret, avec les autres passagers pour y subir la quarantaine. Une partie des murs du Lazaret baigne dans les eaux du port, un espace de quelques mètres défendu par la mer, nous est donné pour respirer la brise du soir. L'air est léger et tout à fait délicieux, l'esprit s'y repose et n'est distrait que par le murmure des eaux, ou par la chaloupe de surveillance à la quarantaine, glissant silencieusement sur les flots pailletés d'or de cette mer azurée.

Les gardiens de cet établissement ne se laissent jamais approcher; ils assommeraient sans pitié quiconque voudrait les toucher, tant ils ont peur de la peste. Ils saisissent nos lettres avec des pincettes de fer, les perforent de part en part, et ne les lisent qu'après les avoir passées à la fumigation.

24 mars. — Les aménagements intérieurs du Lazaret sont assez bien ordonnés; les chambres sont spacieuses, bien aérées, chacune d'elles possède deux lits.

J'ai pour compagnon de chambre, un savant distingué, professeur d'histoire à l'université de Stockholm. Il possède plusieurs langues, notamment le français, qu'il parle avec une extrême facilité; sa conversation est des plus intéressantes et des plus agréables, l'histoire des Grecs dont il parle aussi la langue, lui est très-familière; aussi ne cesse-t-il de nous entretenir des mœurs, des usages, des vicissitudes et des illustrations de ce peuple; par malheur, plus préoccupé de ses livres que de sa toilette, il porte avec lui l'odeur slave, odeur de saindoux, qui se répand dans la chambre que nous occupons en commun.

25 mars. — Une fois en libre pratique, nous ne voulons pas quitter le Pirée sans visiter le port; son enceinte extérieure n'est dominée par aucun accident de terrain; enfermé dans une anse, il est à l'abri des vents, et même d'une attaque; il est vaste et commode et ressemble à un lac.

La ville, qui s'élève au fond du port, à laquelle il donne son nom, est encore naissante; beaucoup de maisons y sont en construction; la plupart nous ont paru assez légèrement bâties. Nous avons cru reconnaître à ses dehors les traces de ces longues murailles, dont l'enceinte renfermait autrefois les trois ports d'Athènes : le Pirée, Phalère et Munichie.

Athènes, trois heures du soir. Salut à la cité de Minerve, à la ville de Périclès. Voyageant rapidement, en amateur, et non en savant, je ne puis m'étendre longuement sur chacun des lieux et des monuments que je visiterai.

La moderne Athènes est assise sur les ruines de l'ancienne, au pied et au sud de l'Acropolis, ayant à l'est les monts Himette et Lycabétus, au nord le mont Anchesme, et à l'ouest la plaine d'Athènes.

Deux rues bien alignées et d'une belle largeur se croisent dans son centre; les maisons ont au plus deux étages. La plupart nouvellement construites ont des façades assez belles qui contrastent singulièrement avec leur intérieur peu commode et mal disposé.

L'esprit de spéculation règne ici; chacun cherche à y faire ses affaires. Il est certaines parties de la ville qui ne présentent que des ruines, entre autres celles qui avoisinent l'Acropole; on y voit gisant dans la poussière, ou employés à de mauvaises constructions des tronçons de colonnes, des chapiteaux, des statues brisées et des marbres du plus beau travail. A l'exception de cinq ou six palmiers encore debout, qui dominent les toits, on ne remarque aucune végétation dans la ville.

La variété des costumes offre un grand intérêt; celui que porte les Albanois, m'a paru surtout très-remarquable : veste et gilet à la turque, en drap rouge, garni sur toutes les coutures d'un galon en or de la largeur d'un pouce, jupon dit fustanelle, en étoffe de coton du plus beau blanc, plissé à grands plis, descendant jusqu'au-dessous du genou, et recouvrant un pantalon à la turque; guêtres rouges brodées d'or; pour coiffure, un tarbouch en drap bleu clair, surmonté d'un gland doré.

26 mars. L'Acropole dégagé de toutes parts, dont la surface est unie, porte les Propylées et le Parthénon, ce roi des temples. Avant de franchir les Propylées, nous laissons à droite le temple de la Victoire sans ailes, ordre ionique; à gauche la Pinacothèque ou musée. Les Propylées, beau portique détaché, soutenu par quantité de belles colonnes en marbre blanc disposées sur deux rangs (ordre dorique).

Le sommet de l'Acropole est jonché de boulets; les Turcs y avaient établi une citadelle dans laquelle ils ont soutenu un long siége lors de la guerre de l'indépendance grecque.

Nous avons à gauche le temple d'Érechtée, composé de trois parties principales : 1° le temple; 2° le pandroséum ou portique servant d'entrée au temple; 3° le temple de Minerve Poliade, décoré d'un ordre de cariatides, n'ayant entrée que par le temple d'Érechtée.

L'architecture, d'ordre ionique, est d'une excessive richesse de sculpture. J'étais assez disposé à m'emparer d'un petit fragment détaché d'une corniche à demi brisée. Je l'avais déjà saisi, mais le laissai tomber, persuadé que je ne devais point m'approprier ce qui ne m'appartenait pas, bien que l'objet fût de peu de valeur.

La porte du portique communiquant avec le temple est remarquable par la perfection des ornements qui la décorent; on y retrouve aussi des traces de peinture du meilleur goût.

A droite, le Parthénon, temple grandiose, le plus grand de l'antiquité (ordre dorique). Sa construction est admirable, les blocs sont assemblés avec une perfection incroyable. Ce temple, érigé par Périclès et dédié à Minerve, est l'œuvre de Phidias et de Praxitèle. Il a la forme d'un carré long, et subsiste encore dans son entier; il ne lui manque que quelques parties du fronton, qui ont été enlevées.

L'intérieur du temple est divisé en deux parties, ainsi que l'histoire le rapporte; l'une contenait le trésor des Athéniens, l'autre, la statue de Minerve, qui était d'ivoire et d'or. Le temple est à découvert dans sa partie supérieure.

Les colonnes présentent de larges cannelures, sans base, établies sur un soubassement de quelques marches.

L'entrée principale du Parthénon, ornée du fronton, est précédée d'un élégant portique soutenu par deux rangées de colonnes. De ce point on découvre la mer, Athènes, et la plaine qui la sépare du Pirée; il serait difficile de mieux choisir un lieu plus propice à l'inspiration. (*Extrait de Thucydide*): « Pendant qu'on « y travaillait, les ennemis de Périclès lui re- « prochèrent de dissiper les finances de l'État. « Pensez-vous, dit-il un jour à l'assemblée « générale, que la dépense soit trop forte? — « Beaucoup trop, répondit-on. — Eh bien,

« reprit-il, elle pèsera tout entière sur mon « compte, et j'inscrirai mon nom sur ce monu- « ment. — Non! non! s'écria le peuple; qu'il « soit construit aux dépens du trésor, et n'épar- « gnez rien pour l'achever. »

Tous ces monuments sont en marbre du plus beau blanc. Avec des soins ils peuvent encore être conservés longtemps; mais il ne faut pas se le dissimuler, aujourd'hui ce sont de belles et précieuses ruines, qui servent d'asile aux oiseaux de proie et aux lézards.

27 mars. — Cinq heures du matin. Temps superbe, soleil de juillet de la France. La Tour des Vents, à l'est et au pied de l'Acropole. Sa forme est octogone, l'architecture en est légère, les huit principaux vents sont figurés en relief sur ses huit côtés extérieurs. Ce monument en marbre pentélique servait de cadran solaire, horloge d'eau ou clepsydre.

Encore à l'est et au pied de l'Acropole, la Lanterne dite de Démosthène, monument élevé à Lysicrate; il servait à supporter le trépied qui fut le prix du combat choragique remporté par lui au théâtre de Bacchus. De forme et de proportions très-délicates, il est fort bien conservé.

La rue des Trépieds longeait la partie orientale de l'Acropole ; elle était bordée de chaque côté de monuments analogues ; on y voit encore plusieurs colonnes restées debout.

Arc d'Adrien, architecture en décadence. A peu de distance, majestueuse colonnade du temple de Jupiter Olympien. Les idées s'élèvent et grandissent au fur et à mesure qu'on s'en approche. Dix-sept colonnes d'un marbre blanc veiné de noir (d'ordre corinthien) sont encore debout.

Au pied de ce monument coulait l'Ilissus. Ce ruisseau autrefois si renommé, au bord duquel Socrate discourait avec ses disciples, et où les vierges athéniennes venaient puiser une onde pure, est maintenant à sec, ainsi que la fontaine Callirhoë.

Revenons à la rue des Trépieds. Nous voyons à son extrémité le théâtre de l'Odéum, dont il ne reste que deux pans de murs encore debout et quelques colonnes; du reste rien de remarquable comme détail d'architecture.

Laissant à droite l'Acropole, nous nous dirigeons à gauche vers la colline dite du Musée. Les restes du tombeau de Philopatus la dominent, et se font apercevoir de très-loin. Descendus dans la vallée, nous voyons la Tribune aux harangues; ce lieu était désigné sous le nom de Pnyx. On y arrive par un escalier de quatre ou cinq marches. C'est là que s'assemblait le peuple d'Athènes, là aussi que périt cette république par l'abus de la souveraineté populaire.

Nous pénétrons dans des chambres taillées au ciseau dans le roc vif; quelques-uns les prennent pour des tombeaux, d'autres pour la prison où Socrate fut enfermé et mourut. En les parcourant, je ne puis me défendre d'un sentiment de tristesse. Les paroles sublimes prononcées par ce vieillard, en présence de ses disciples, sur le dogme de l'immortalité de l'âme, me reviennent à la mémoire. Après l'avoir démontrée par une foule de preuves qui justifient ses espérances, il dit : « Et quand « même ces espérances ne seraient pas fondées, « outre que les sacrifices qu'elles exigent ne « m'ont pas empêché d'être le plus heureux des « hommes, elles écartent de moi les amertumes « de la mort, et répandent sur mes derniers « moments une joie pure et délicieuse. (Pla-

« ton dans *Phédon*, t. Ier, p. 91, 114). Ainsi, « ajoute-t-il, tout homme qui, renonçant aux « voluptés, a pris soin d'embellir son âme, non « d'ornements étrangers, mais d'ornements qui « lui sont propres, tels que la justice, la tempé- « rance et les autres vertus, doit être plein d'une « entière confiance, et attendre paisiblement « l'heure de son trépas. Vous me suivrez quand « la vôtre sera venue; la mienne approche, j'en- « tends déjà sa voix qui m'appelle. »

Il ne reste de l'Aréopage, sanctuaire de la justice, que deux escaliers parallèles situés sur une légère éminence.

Le temple de Thésée (ordre dorique), placé à mi-côte sur un petit mamelon au pied et au nord de l'Acropole, est intact et bien conservé; le marbre en est jauni, et porte l'empreinte des temps les plus reculés. Sa forme est un carré long, entouré de trente-deux colonnes. Son état de conservation a permis de l'utiliser et d'en faire un musée dans lequel on a réuni les statues antiques et les bas-reliefs trouvés dans les fouilles.

Rentrés en ville, nous visitons l'Agora. On désignait sous ce nom le marché aux comestibles. La table de marbre sur laquelle étaient inscrits le prix des denrées subsiste encore.

Près de là se trouvent les restes du Prytanée, et les colonnes encore debout appartenant au Gymnase.

28 mars. — Le Céramique et le jardin de l'Académie. Le Céramique était le lieu où s'élevaient les tombeaux de ceux qui avaient péri dans les combats; les sépulcres tout ouverts, les vents ont dispersé à leur gré la poussière des morts. La terre est comme un théâtre qui à chaque instant change de décoration; tout y est périssable, les hommes encore plus que les choses.

Église grecque; édifice moderne, sans grandeur ni beauté; piliers d'une énorme grosseur, soutenant des dômes écrasés, accolés les uns aux autres. Le pope officie au fond du temple dans un espace séparé des assistants par une légère cloison en bois, ornée de dorures, sur laquelle sont représentés les patriarches les plus vénérés de l'Église grecque. Trois portes fermées par des draperies s'ouvrent dans cette cloison, et donnent accès à l'autel.

Les Grecs ont un chant nasillard; pour qui

n'y est pas habitué, il est extrêmement désagréable à l'oreille. L'Église grecque possède des couvents et des moines; c'est parmi eux qu'elle choisit ses évêques, ses patriarches et ses dignitaires. Ceux-ci ne peuvent se marier; quant aux autres prêtres ou popes desservant les églises, ils en ont la faculté; aussi la plupart d'entre eux sont-ils pères de famille.

Dans la même journée nous visitons le palais destiné au roi Othon, vaste et magnifique construction dont l'emplacement m'a paru des plus heureux. Le souverain de la Grèce ne pouvait en effet continuer de résider dans la maison de bois qu'il occupe; mais dans l'état actuel, et pour un royaume naissant, une habitation plus modeste et moins coûteuse aurait peut-être été suffisante.

La Grèce construit des palais, et son peuple manque des choses les plus nécessaires à la vie. Ce qu'il lui importe d'encourager, c'est l'agriculture, immense ressource, point de départ de toute société, qui attache les populations au sol et les retient au foyer domestique.

29 mars. — Après les monuments d'Athènes, nous avons désiré connaître les lieux les plus célèbres. Aujourd'hui c'est le mont Lycabétus vers lequel nous dirigeons nos pas. De son sommet on jouit d'une vue admirable sur toute la plaine d'Athènes. A part quelques champs cultivés, le sol, abandonné à lui-même, suffit à peine à la nourriture de quelques troupeaux. Des chevriers, contrariés par notre présence, nous injurient. Heureusement; nous portons sur nous de quoi obvier à leurs mauvais desseins, s'ils en ont.

Nous avons pris notre repas du soir avec plusieurs artistes français et étrangers. La gaieté la plus franche a présidé à cette réunion; on se lie facilement sur le sol étranger, on semble ne faire alors qu'une famille. Le vin de France, qui égaye si agréablement un repas, nous a fait défaut; nous n'étions pas encore habitués au vin de Grèce, dont l'amertume passe toute expression. Je crois que cela tient à la peau de bouc dans laquelle on l'enferme, et à la résine qu'on y fait infuser lors du pressurage.

30 mars. — Le soleil n'a pas encore paru au seuil de l'Attique, que déjà nous sommes en route pour Éleusis. Des œufs durs, du pain et des oranges, voilà nos provisions du jour; un mauvais char, ouvert à tous vents, traîné par deux chevaux exténués par la fatigue, voilà notre véhicule.

En sortant d'Athènes, nous laissons à droite le Céramique et le jardin de l'Académie, pour suivre l'ancienne Voie Sacrée tracée dans une plaine arrosée par le Céphise, ruisseau fangeux. Des troupeaux de moutons et de chèvres y trouvent une nourriture substantielle, grâce aux plantes aromatiques qui y croissent en abondance.

Les Grecs modernes ont hérité des mœurs et des habitudes de leurs ancêtres, ils suivent les mêmes errements. Le régime pastoral donne moins de peine et moins de soucis que la culture des champs, il attache moins au sol et laisse plus de liberté.

La route, légèrement accidentée, serpente sur un sol couvert de bruyères et de thym. Nous tournons le mont Phœcile, puis, descendant à droite, nous arrivons au monastère de Daphné.

Cet ancien temple chrétien, d'ordre byzantin, est très-bien conservé. Lorsque nous voulûmes y pénétrer, nous en vîmes sortir une quantité de chèvres, auxquelles ce lieu sert de refuge.

Nous trouvâmes à l'intérieur des fresques et des mosaïques, elles étaient noircies par le temps; en les mouillant, elles reprenaient leur brillant primitif. Une tête de patriarche, couronnant le sommet de la coupole, nous parut surtout très-remarquable.

Continuant notre route, nous traversons deux petits ruisseaux dont l'eau est salée. L'antiquité les avait consacrés, l'un à Cérès, l'autre à Proserpine.

De chaque côté du chemin nous apercevons des ruines qui attestent qu'on y avait érigé des autels, de distance en distance, jusqu'à Éleusis. Nous y arrivons à dix heures et demie. Déjeuner dans un *kan* voisin de la route de Mégare. Les kans, ou auberges, en Grèce, sont de grands espaces entourés de murs auxquels sont adossés des tables sur lesquelles on s'assied pour manger. Après notre repas, nous allons à la découverte du temple de Cérès, où il ne reste que quelques débris de colonnes et de chapiteaux en marbre du plus beau blanc et d'un travail achevé.

Fondé sur l'erreur, le paganisme a laissé peu de traces de son passage; la religion du Christ, fondée sur la vérité, se perpétue indépendamment de ses autels.

Éleusis est une bourgade de chétive apparence; nous y vîmes de jeunes et jolies paysannes, aux yeux noirs très-expressifs, au teint blanc, à la peau délicate, coiffées d'un châle blanc ou de quelque chose d'analogue, roulé autour de la tête à la manière antique; elles portaient une robe blanche très-ample, retenue à mi-corps par une ceinture, et par-dessus, ne dépassant pas le genou, une petite redingote d'étoffe légère d'un beau blanc, ornée de broderies.

Nous longeons le golfe d'Éleusis. Arrivés au détroit qui sépare l'île de Salamine du continent, où se livra la bataille qui fit perdre à Xercès toute sa flotte, nous le traversons pour passer dans cette île. Calme et paisible, elle n'a plus à redouter le choc impétueux des galères, et le chant des bergers y a remplacé les cris de guerre.

Six heures du soir. Nous quittons ces lieux illustrés par Thémistocle et revenons à Athènes par le mont Égallée.

31 mars. — Le mont Hymette. Sa surface

est couverte de serpolet et d'herbes odoriférantes. Ce sont ces plantes qui sans doute y attirent ces essaims d'abeilles dont le miel vanté des anciens lui a valu une si grande renommée. Je l'ai goûté, il ne m'a point paru plus supportable que le vin de Grèce.

1er avril. — Le mont Pentélique et le champ de bataille de Marathon.

Munis de nos provisions ordinaires, nous partons à cinq heures du matin. Le désert est aux portes d'Athènes, pas d'habitations, çà et là quelques oliviers ; nous traversons un léger cours d'eau dont les bords sont semés de fleurs printanières. La route que nous suivons se dessine au loin, sans qu'aucun obstacle vienne arrêter la vue.

Voici un village d'une douzaine de maisons, c'est le seul que nous ayons rencontré après deux heures de marche. Nous nous y arrêtons quelques instants; les habitants en sont affables, la propreté et l'aisance y règnent. D'où tirent-ils leurs aliments? Je ne vois que fort peu de champs dont la terre soit remuée.

Dix heures. Mont Pentélique. Nous y visitons les carrières d'où sortent les marbres qui ont servi aux chefs-d'œuvre de Phidias et de Praxitèle. Assis sur le sol, à l'ombre d'alisiers glabres dont le mont est boisé, nous nous amusions à soulever les pierres à notre portée, lorsque nous nous aperçûmes qu'elles cachaient de nombreux scorpions. Nous délogeâmes à la hâte, abandonnant la place à ces hôtes aussi dangereux qu'incommodes.

Du Pentélique on jouit d'une vue des plus étendues, et l'on découvre le champ de bataille de Marathon, où Miltiade vainquit Darius, en l'an 490 avant Jésus-Christ.

2 avril. — J'ai rapporté une *magnifique* tortue du mont Pentélique où elles abondent ; son écorce toute bariolée lui donne un aspect des plus curieux ; elle est installée dans ma chambre, s'y promène, et ne paraît pas se douter de ce changement dans ses habitudes. Sur le point de partir je la cherche vainement, elle a disparu, le cuisinier se l'étant appropriée pour la convertir en un mets succulent.

CHAPITRE QUATRIÈME.

SYRA, DÉLOS ET CANDIE.

L'ordre prévaudra toujours sur le désordre; avec l'ordre on prospère, avec le désordre on s'appauvrit.

Adieu, Athènes!

La Grèce aura encore longtemps à souffrir de ses blessures, mais avec son énergie, ses moyens d'action, de la concorde, de la persévérance, et pourvu que la liberté n'y soit pas l'instrument des passions, elle ne peut manquer de recouvrer sa nationalité.

Départ pour le Pirée. Près d'y arriver, nous découvrons les tombeaux de Miaullis et de Karaiska, le premier placé près celui de Thémistocle, le second au pied du mont Phalère. Ces deux hommes sont morts pour l'indépendance grecque.

Six heures du soir. A bord du *Mentor*. Le pont est encombré de Grecs qui vont aux fêtes de Tinos; leur costume riche et varié est fort pittoresque. Aujourd'hui comme autrefois, les populations grecques se rendent avec empressement aux fêtes qui ont lieu dans les Cyclades. Nous rencontrons à bord un M. O.... qui y faisait ample moisson de croquis. Voyageur comme nous, ses projets s'harmonisant avec les nôtres, nous convenons de voyager ensemble; c'est un précieux compagnon de voyage, un savant distingué et laborieux.

Laissant à droite l'île de Salamine, nous doublons à huit heures celle d'Égine. La marche rapide du vaisseau fait sortir du sein des ondes une myriade d'étoiles brillantes. Assis à l'arrière, je demeurai longtemps dans l'admiration de ce spectacle.

3 avril. — Syra, huit heures du matin.

Le bâtiment qui doit nous porter à Alexandrie n'étant pas arrivé, ce retard nous permet d'aller à Délos. Cette île n'a conservé que le souvenir de son ancienne splendeur; c'est une roche stérile où rien ne rappelle les fêtes brillantes et somptueuses que l'on y célébrait en l'honneur d'Apollon.

4 avril. — Le Bazar de Syra est parfaitement pourvu de denrées alimentaires, nous y faisons quelques provisions. Le Caviar, ce mets aigrelet, si cher aux Grecs, s'y trouve en abondance, son odeur corrige un peu le mauvais air qu'on y respire. Dans ces marchés très-fréquentés, il est loisible à un étranger d'étudier le caractère, les costumes, les usages et les mœurs du pays.

La drachme est la monnaie courante de la Grèce; sa valeur est de quatre-vingt-dix centimes de notre monnaie.

Deux heures du soir. Nous prenons passage à bord du *Scamandre*. Trois heures, nous voguons à pleines voiles vers la terre des Pharaons.

5 avril. — Huit heures du matin, en vue de Candie (l'ancienne Crète). Cette île est hérissée de montagnes que domine le mont Ida; des vapeurs blanches rasent son sol, puis s'élèvent lentement vers le ciel où elles se fondent dans un lointain mystérieux.

Riche et productive, on y récolte du vin, des

céréales, du coton, du miel, des fruits, et on y élève des bestiaux.

6 avril. — Une jolie brise favorise notre navigation, et nous pousse vers les côtes d'Égypte. Des petits oiseaux apparaissent de loin en loin; ils viennent se reposer sur les vergues, sans craindre d'y être inquiétés. L'hospitalité du bord leur est acquise.

7 avril. —Au jour, après avoir jeté la sonde, on nous annonce que nous sommes près de terre.

Sept heures. Nous découvrons un sol jaunâtre qui se confond avec la couleur des eaux.

Le fort Aboukir et quelques bois de palmiers, sont les premiers objets qui frappent nos regards.

Huit heures; en vue d'Alexandrie, le port étant d'un accès difficile, nous ne pouvons y entrer sans le secours d'un pilote; nous louvoyons longtemps sans le voir venir. La mer étant grosse, le navire fatiguant beaucoup, nous aliôns nous éloigner, mais le pilote paraît enfin; de loin, il nous indique la route à suivre, monte à bord et dirige la marche du vaisseau.

Dix heures. Nous doublons la passe, et pénétrons dans le port ; quelques coups de canon échangés de part et d'autre, témoignent de la bonne harmonie entre notre gouvernement et celui de Méhémet-Ali.

CHAPITRE CINQUIÈME.

ALEXANDRIE,
LATFÉ, FOUAH, RAMANHIED, SIDI-IBRAHIM,
COFFRÉSAETH, BOULAC.

La vie est un voyage que nous trouvons souvent bien long; pour l'éternité, on ne saurait lui appliquer aucune mesure.

8 avril. — Levé de grand matin, j'ai parcouru à dix heures, une partie de la ville; tout y est nouveau pour moi, ciel, sol, lumière, mœurs et usages.

Les maisons petites et basses, uniformes dans leur construction, sont appuyées les unes aux autres et couvertes en terrasses; n'ayant que peu d'ouvertures extérieures, elles sont bien appropriées au climat; il n'en est pas de même des constructions à l'européenne édifiées dans l'enceinte de la ville, et sur les bords de la mer, qui, élevées et percées de nombreuses ouvertures, sont exposées à la poussière brûlante, et font un singulier effet, sous ce ciel d'une pureté admirable.

Les rues ne sont point pavées; elles sont sales, tortueuses et étroites; celles qui avoisinent le port sont encombrées de chameaux qui se suivent à la file, chargés de ballots de marchandises, de bois de construction, d'outres remplies d'eau que les chameliers vendent à la ville.

Le quartier franc possède une place magnifique de forme rectangulaire; elle sert de promenade et de lieu de rendez-vous aux Européens qui habitent Alexandrie. J'y ai rencontré plusieurs saint-simoniens; déçus dans leurs projets d'émancipation féminine, ils aspirent à revoir leur patrie.

Un grand nombre d'ânes sellés et bridés, stationnent dans les rues et sur les places, ce sont les cabriolets du pays; ils sont de belle taille, marchent vite, et supportent longtemps la fatigue. Ils ont pour conducteurs de jeunes Arabes de l'âge de neuf à dix ans, marchant pieds nus, sans autre vêtement qu'une chemise blanche serrée au milieu du corps.

Alexandrie, fondée 332 ans avant le Christ, n'a conservé de son antique splendeur que la colonne dite de Pompée, et les deux aiguilles de Cléopâtre, obélisques de granit rose ; l'un est encore debout ; l'autre est renversé et à demi enseveli dans les ruines ; il ne reste que peu de chose des nécropoles.

Parmi les nouveaux édifices, il n'y a de remarquable que la mosquée et le palais du vice-roi.

9 avril.— Les environs de la ville sont arides, parmi les plantes vivaces qui y croissent, c'est la soude qui domine : ses rameaux flexibles servent d'abri à des familles entières de lézards qui fuient au moindre bruit.

Plusieurs lettres m'attendaient ici. M. le comte de Montalivet, alors ministre de l'intérieur, qui avait bien voulu s'intéresser à mon voyage, m'en avait adressé deux : l'une pour l'amiral Roussin, ambassadeur de France à Constantinople ; l'autre pour M. Cochelet, consul général de France en Égypte ; marque d'estime et de bonté dont je serai toujours reconnaissant.

Mon oncle François Morot, curé de Pouilly-sur-Loire, qui n'avait point de lettre de recommandation à m'offrir pour ce voyage, a voulu aussi me donner un témoignage de son vif intérêt, en m'adressant la lettre suivante qui s'accorde bien avec mes pressentiments :

Poüilly-sur-Loire, 4 mars 1839.

« Mon cher Baptiste, mon bon ami,

« Tu as fort bien pensé que le voyage que tu entreprends, et que je regarde comme très-indiscret, me donnerait des inquiétudes et des soucis ; en effet, j'ai passé plusieurs nuits sans dormir. Enfin te voilà parti pour un pays bien lointain. Que le bon Dieu, mon ami, te conserve et te ramène bientôt à mes désirs, sain et sauf.

« Tu n'as pas voulu passer par Pouilly, dans la crainte que je ne te retinsse ; j'aurais en effet pris tous les moyens pour te dissuader de faire ce voyage, que tu me parais avoir arrêté depuis longtemps, sans en rien dire à personne, ce qui me prouve que je n'aurais rien pu obtenir de toi à cet égard.

« Prends bien garde de t'exposer dans aucune circonstance; sois prudent, et reviens me voir au plus tôt.

« Adieu, je te souhaite toute sorte de bonheur et de félicité.

« Donne-moi de tes nouvelles.

« Ton oncle MOROT. »

Vivement impressionné de sa lettre, je m'empresse de lui adresser à la hâte les lignes suivantes par le *Tancrède* partant pour la France:

« Cher oncle,

« Je ne saurais vous exprimer toute la joie que j'ai ressentie en recevant votre lettre.

« Je vous remercie mille fois de toute votre sollicitude.

« Pas un jour ne se passe, sans que je pense à vous, votre tendresse et vos bons soins, seront toujours présents à ma mémoire.

« Soyez sans inquiétude.

« Adieu, portez-vous bien.

« Votre neveu, J. B. MOROT. »

10 avril. — La chaleur est excessive, les rues sont désertes, on y est aveuglé par des essaims de mouches; malgré ces tribulations, nous autres, Européens nouvellement débarqués, nous ne cessons de courir.

En pénétrant dans le bazar où se vendent les esclaves, j'y suis douloureusement impressionné à la vue de cette multitude d'êtres humains, parqués sur un sol poudreux, et exposés à un trafic odieux, par un peuple qui prêche la charité au nom d'un dieu clément et miséricordieux. Honte aux nations qui, en vue d'un intérêt sordide, oublient ainsi les devoirs de l'humanité.

11 avril. Je me suis procuré un domestique arabe qui nous tiendra lieu de drogman et de cuisinier; il se nomme Abdala.

J'ai aussi arrêté une barque pour nous conduire au Nil par le canal le Mahmoudieh.

Sept heures du soir. Montés sur des ânes, suivis de chameaux portant nos bagages, nous nous rendons au port du Mahmoudieh, où nous attend la barque, nous sommes attardés par de longues files de chameaux pesamment chargés (caravanes arrivant des déserts). Peu pressés de leur nature, ils marchent lentement, s'arrêtent et restent immobiles devant notre grotesque équipage, sur lequel ils promènent leur regard doux et inoffensif. Ce sont les chameaux qui font la plupart des transports, l'agriculture elle-même en est réduite à ce seul moyen, faute de chemins praticables aux voitures; cet animal, quoique assez fort, est très-docile, et se laisse conduire au moyen d'une petite corde attachée à un espèce de licol qui lui prend la tête; il est d'une sobriété incroyable, vit de peu et reste facilement six à huit jours sans boire.

Le janissaire du consulat qui nous a accompagné, nous a été fort utile en embarquant; il nous a protégés contre la rapacité des Arabes, toujours prêts à vous obliger, pour mieux vous dépouiller.

La barque est montée par six hommes; un beau pavillon tricolore flotte au haut du grand mât; il est d'usage d'arborer le drapeau de sa nation lorsqu'on voyage sur le Nil.

Neuf heures. On largue les voiles, un léger balancement se fait sentir, le refoulement des flots nous avertit que nous voguons.

12 avril. — Le canal *Mahmoudieh*, œuvre de

Méhémet-Ali, est la principale voie de communication d'Alexandrie au Nil; il a environ vingt lieues d'étendue, et se termine à Latfé. Une nombreuse population a été employée à le creuser; on en porte le chiffre à plus de cent mille hommes. Irrégulier et sinueux dans son parcours, il faut naviguer tour à tour à la voile et à la remorque. Nos marins s'entendent assez mal à diriger la barque, on serait exposé à la voir chavirer, si de temps à autre on n'y veillait soi-même. La vie d'un chrétien leur importe peu, si un accident arrive, ils s'écrient : Dieu l'a voulu!

La nuit a été mauvaise : des myriades de punaises, de moustiques, de cousins et autres ennemis infatigables n'ont cessé de nous dévorer; pour ce qui est des rats et des souris, ces parasites ont coutume d'habiter et de vivre avec les voyageurs.

Le soleil se montre dans toute sa splendeur; la voûte immense des cieux calme et pure, semble vouloir ajouter à l'éclat de ses rayons.

Les campagnes qui bordent le canal sont extrêmement fertiles, le blé barbu est celui qu'on y cultive le plus généralement. Le sycomore, le mûrier, l'acacià nilo, le palmier, sont les seuls arbres que je distingue; ce dernier est le plus précieux : son fruit sert à la nourriture des habitants, aussi chaque village en possède une grande quantité. On voit des fellahs y monter et secouer le pollen mâle sur la fleur femelle pour aider à la fécondation.

Les terres sont arrosées au moyen de canaux d'irrigation qui se divisent en une infinité de petites rigoles; ils sont alimentés par des roues à pot, appelés *Sakis*, espacées, çà et là sur le bord du canal; elles sont mues par des buffles. On se sert aussi d'un balancier muni d'un poids à l'arrière, pour aider à l'ascension d'un seau suspendu à l'extrémité d'un levier, qu'un homme, par un léger mouvement, fait descendre et monter alternativement.

La charrue antique est ici en usage; on y attèle assez généralement des buffles, qui, à l'heure où les travaux sont suspendus, viennent se désaltérer et se baigner dans les eaux du canal; ils s'y enfoncent de telle sorte, qu'on n'aperçoit souvent que leur tête se balançant à la surface.

La chaleur est excessive, le thermomètre Réaumur monte à 28 °/₀.

Latfé, sept heures du soir, rive occidentale du Nil, branche de Rosette. Les barques ne pouvant franchir la barre, nous débarquons.

Le Nil est magnifique; ses eaux, quoique jaunâtres, sont limpides et agréables à boire. Le vent du nord presque toujours constant, permet de le remonter en tout temps. Un agent grec nous aide à choisir et à louer une cange pour continuer notre voyage jusqu'au Caire. Après une légère collation, on hisse les voiles, nous partons, une cabine située à l'arrière et dans laquelle on ne peut rester debout, sera la demeure que nous occuperons pendant plusieurs jours.

Les voiles de notre embarcation, placées transversalement, à la manière latine, sont très-élevées, lorsque le vent est favorable on peut en hisser deux, une de chaque côté du mât, et lorsqu'il l'est moins, on navigue à une seule. Ce mode de voilure est bon pour la marche, mais souvent dangereux.

Le reis (patron), est affable; une barbe noire comme le jais ondule sur sa poitrine, et lui donne un air noble et imposant.

Arrivés devant Fouah, le vent, qui jusqu'ici nous avait été favorable, tombe subitement; on amarre la cange au milieu du fleuve pour passer la nuit.

13 avril. — Au jour, débarqués à Fouah. Cette petite ville est une des parties les plus fertiles du Delta. La nature y étale avec profusion toutes ses richesses. Le Nil est bordé çà et là de villages bâtis sur de petites éminences, afin de les préserver de l'inondation; les maisons, accolées les unes aux autres, sont bâties en briques séchées au soleil; elles ont peu d'élévation, c'est à peine si on peut y tenir debout. Toute la famille logée dans la même pièce, couche sur des nattes qui recouvrent un sol rarement nettoyé; quelques-unes des habitations ont la forme de tours rondes; elles sont surmontées de tourelles percées à l'extérieur d'une innombrable quantité de trous qui servent de retraite à des pigeons et à des tourterelles.

Le séjour de ces oiseaux réunis ainsi, offre un très-grand avantage, celui de recueillir leur fiente, qui, sous le nom de *Colombine*, devient un engrais très-précieux. Les Arabes la ramassent avec soin; il en est de même de celle des bestiaux dont ils font de petites galettes qu'on fait sécher au soleil, et dont ils se servent ensuite pour allumer leur feu.

Les Fellahs à peine vêtus, qui habitent ces villages, sont occupés constamment à cultiver, à réparer les digues, à puiser de l'eau et à la diriger dans les canaux. Ils sont misérables, et pourtant ils habitent le sol le plus fertile du monde, duquel on peut obtenir sans de grands frais trois ou quatre récoltes par an, en blé, coton, canne à sucre, riz et autres produits.

Les rois qui se sont succédé en Égypte ont toujours exercé une dure pression sur les peuples qui l'habitent, les seuls peut-être qui soient restés fidèles au sol natal. Il est vrai qu'entourés d'une immense ceinture de sables et d'eau, ils étaient naturellement peu portés à émigrer. Il est à désirer que Méhémet-Ali, le souverain actuel, dont on vante les bonnes qualités, soit leur bienfaiteur, qu'il les rende indépendants, et leur cède en toute propriété, à titre de redevance, les terres dont ils ont besoin.

Nos marins, intéressés à ce que nous arrivions promptement à destination vont se placer à l'avant de la cange. Après avoir invoqué le ciel, ils s'attachent à une corde, se jettent à l'eau et remorquent notre barque. Le courant, assez rapide, les arrête et ne leur permet d'avancer que fort lentement, nous suivons la cange du bord du fleuve. Les Fellahs que nous rencontrons ne paraissent pas avoir une grande sympathie pour les Francs. Les femmes se détournent et nous évitent; grandes et bien faites, leur démarche est assurée; elles ont la figure cachée par un voile qui prend à la naissance du nez et retombe jusqu'à terre, leurs cheveux sont tressés en forme de bandeaux, auxquels sont attachées de nombreuses pièces de monnaie. Elles attachent d'énormes anneaux au cartilage du nez et aux oreilles, leurs lèvres et leurs sourcils sont teints. Leur unique costume se compose d'une longue robe ou chemise de toile bleue, serrée au milieu du corps par une ceinture; leurs attraits, dont elles paraissent peu soucieuses, sont à peine cachés. Des pigeons, des huppes et des tourterelles viennent s'abattre par bandes sous le canon de nos fusils; nous en tuons plusieurs avec lesquels notre drogman se propose de nous apprêter un excellent festin.

Trois heures. Le vent nous étant favorable, nous nous embarquons.

Cinq heures. Ramanhied. L'inconstance du vent nous y fait demeurer.

14 avril. — Notre relâche nous a permis de voir et d'étudier le mode d'incubation artificiel pratiqué de longue date dans ce pays : on place les œufs sur l'âtre d'un four, que l'on tient fermé ; ces œufs, recouverts avec des nattes ou des étoupes, sont remués plusieurs fois par jour ; une chaleur égale, 33 degrés (Réaumur), doit y être maintenue pendant vingt-deux à vingt-trois jours, après lesquels leur éclosion a lieu successivement.

Cinq heures du soir. Un léger changement s'étant produit dans l'air, on déploie les voiles, elles s'enflent, nous nous mettons en marche.

Six heures. Sidi-Ibrahim. Nos marins y achètent du pain, des oignons, de la salade et quelques cannes à sucre. Le pain est préparé sans levain, il ressemble à de petites galettes minces et à peine cuites, il est peu agréable au goût. Nous naviguerons toute la nuit; le thermomètre de Réaumur, le seul que nous possé dions, marque 30 degrés.

15 avril. — Sept heures du matin. Coffré saeth. Ses rues sont encombrées de marchands de baladins, de conteurs, de musiciens et d danseuses; c'est une confusion, une foule, un cohue, s'agitant dans l'ordure et dans la pous sière la plus insupportable. Un mendiant (espèc d'idiot) nu et immobile, malgré les mouch qui le dévorent, se tient assis dans l'embrasu d'une porte; nombre de femmes se pressen autour de lui et déposent à ses pieds et sur se cuisses des galettes et autres friandises. J'éta disposé à rire de ce singulier personnage lorsque j'en fus empêché par le reis, qui m'aver tit que ces sortes de gens sont fort vénérés, que beaucoup de femmes sont assez supersti tieuses pour leur attribuer le pouvoir de donne une faveur que le ciel seul peut accorder.

Neuf heures. Nous nous remettons en rout

Une heure du soir. Une cange, qui descenda le fleuve, sombre près de nous; nous aidons sauver les passagers.

Quatre heures. Taolé, charmant village (riv droite du Nil). On y travaille à la moisson, e arrachant le blé à la main, ce qui s'appelle dépiquer, et pour dégager le grain de l'épi, on l'étend sur une espace circulaire dont le terrain a été sapé à l'avance; puis on fait passer dessus un char à roues dentelées conduit par des buffles, et dirigé par un homme assis sur un siége adapté au char. Quant au vannage, il se fait en lançant le blé dans l'espace avec des pelles.

La terre, crevassée par la chaleur, offre une retraite assurée à des milliers de rats, que l'on voit courir par bandes.

Les Égyptiens labourent peu profondément, leur système relativement à ce mode de labour m'a paru des plus sages. « Nous craignons, disent-ils, la sécheresse qui pourrait frapper nos champs, le limon du Nil, qui les fertilise, enfoui trop profondément, serait sans effet, et la terre que nous amènerions à la surface, ne serait susceptible de produire, qu'après avoir reçu pendant quelque temps, » l'influence de l'air, de l'humidité et de la lumière. Au dire d'Hérodote, la culture se pratiquait autrefois en Égypte avec moins de peine que de nos jours.

« Le fleuve se retirant, chacun sème son

« grain, et y lâche ses cochons ; quand ces ani-
« maux ont enfoui la graine avec leurs pieds,
« il ne reste plus qu'à moissonner[1]. » Le sol devait être moins élevé que de nos jours et conservait naturellement plus d'humidité. S'il en est ainsi, il y aurait là matière à de graves réflexions sur l'avenir de l'Égypte, cette contrée si florissante serait destinée à devenir stérile et à disparaître de la carte.

Avant de quitter ce village, notre drogman fait l'acquisition de quelques poules ; elles sont maigres et hautes sur pattes, le prix en est peu élevé, une piastre chacune, la piastre égyptienne vaut vingt-cinq centimes de notre monnaie.

16 avril. — Cinq heures du matin, nous découvrons les Pyramides, dont nous sommes encore à dix lieues ; la vue de ces monuments, les plus anciens de la terre, est imposante et étonne le regard.

Nous courons toutes voiles dehors, au but du voyage. Le vent qui souffle par rafales, fait pencher la cange, et menace de la faire chavirer ; le reis, nonchalamment couché avec son équi-

1. Hérodote.

page, au pied du mât, ne s'inquiète nullement du danger que nous courons; nous n'obtenons qu'il serre les voiles qu'en le menaçant de couper la corde avec laquelle il les gouverne.

La plaine du Nil, limitée à droite et à gauche par l'immensité des déserts, se rétrécit à mesure que nous avançons.

Six heures. Boulac, port du Caire; de Boulac au Caire il y a un quart de lieue; d'Alexandrie au Caire on compte quarante-cinq lieues.

Le Caire, sept heures et demie du soir. On ne doit pas s'attendre à trouver ici le confortable des hôtels d'Europe, mais lorsqu'on a subi plusieurs jours de mer, et navigué en compagnie des rats du Nil, on est moins difficile.

CHAPITRE SIXIÈME.

LE CAIRE, L'ILE RAOUDAH, LES PYRAMIDES DE GISEH.

Les esclaves n'ont point de patrie, même dans leur pays.

17 avril. — A première vue, le Caire me semble représenter la ville orientale par excellence. Je m'isole pour un instant des mille choses qui m'intéressent, pour porter à M. Martin, autrefois attaché au service du pacha, maintenant propriétaire d'une pharmacie qu'il a fondée ici, une lettre de recommandation de mon excellent ami, M. Horeau.

Cette lettre m'a valu l'accueil le plus vif et le plus cordial, une bonne fortune en un mot, qui s'est prolongée pendant tout mon séjour ici. Je transcris cette pièce dans son entier; c'est un bien faible témoignage de souvenir et de reconnaissance pour l'ami qui me l'a remise, et pour celui auquel elle était adressée :

« Mon cher Martin,

« Je recommande à vos bons offices M. Morot, qui visite en amateur votre beau pays; c'est un de mes bons amis.

« Je compte sur votre obligeance pour lui rendre tous les services qu'il pourra réclamer de vous, et vous demande de lui rendre aussi agréable que possible son séjour en votre ville.

« Vous priant d'user sans réserve de mes services, en tout ce qu'il vous sera agréable.

« Salut de cœur et d'amitié. »

Les maisons du Caire, plus élevées que celles d'Alexandrie, ont deux ou trois étages, elles prennent jour sur le dehors par de petites fenêtres grillées, d'un style élégant, appelées moucharabi. De petites échoppes, abritées par des nattes et occupées par des marchands apathiques et endormis, en bordent la façade. Çà et là on rencontre de magnifiques mosquées, aux minarets élancés, et des fontaines monumentales, riches d'ornements remarquables par la variété de leurs dessins.

Les rues, non pavées, sont étroites et serpentent à l'infini; elles sont coupées par une infinité de petites ruelles où le soleil ne peut pénétrer; on y respire une poussière suffocante et fétide. Dans ces petites rues circule une population toute bariolée par la variété de ses costumes aux couleurs éclatantes, puis viennent les chameaux. Ici comme à Alexandrie, ils portent les fardeaux, on se sert rarement de voitures, la circulation étant difficile; en revanche, les ânes abondent, à chaque coin des rues principales on est assailli par une foule d'âniers qui vous offrent leurs montures. Les chevaux, harnachés richement, sont réservés à la classe aisée et aux employés supérieurs du gouvernement. La plupart des cavaliers soit à cheval, soit à âne, sont précédés d'un saïs, coureur qui marche en avant, et leur fait livrer passage.

De nombreux marchands d'eau sillonnent tous les quartiers de la ville, ils portent leur liquide dans des outres placées sur leur dos, et moyennant une légère rétribution il vous en donnent de quoi vous rafraîchir.

Les chiens vivent à l'état de liberté, sauvages et n'appartiennent à personne; ils se nourrissent de ce qu'ils trouvent dans les rues, et s'abritent où ils peuvent. Quoique considérée comme immonde, la race canine est protégée par la piété publique, et chose étonnante on n'y observe que fort rarement des cas de rage, malgré l'excessive chaleur.

18 avril. — J'ai l'honneur de remettre à M. Cochelet, la lettre d'introduction que je dois à la bienveillance de M. le comte de Montalivet. En voici le contenu :

A M. COCHELET, CONSUL GÉNÉRAL DE FRANCE, EN ÉGYPTE.

« Monsieur le consul,

« M. Jean-Baptiste Morot, qui aura l'honneur de vous remettre cette lettre, est un ancien négociant qui, après avoir exercé honorablement, a voulu, avant de se fixer d'une manière définitive, faire le voyage d'Orient, dans un but d'agrément et d'instruction.

« M. Morot appartient à une famille honorable que je connais depuis longtemps, et je n'hésite pas à seconder ses vœux en lui donnant cette lettre d'introduction près de vous.

« Je verrais avec plaisir, monsieur, qu'il vous fût possible de lui être agréable pendant le séjour qu'il se propose de faire en Égypte.

« Veuillez agréer, monsieur l'ambassadeur, l'assurance de ma haute considération,

« Le pair de France, ministre
de l'intérieur,

« Signé Cte DE MONTALIVET. »

Bien que l'heure fût assez matinale, lorsque je me présentai à la demeure de ce diplomate, je le trouvai montant à cheval pour se rendre chez le pacha. Malgré mes instances, il voulut différer son départ pour me recevoir, et avant de me quitter il me présenta au docteur Clot-Bey, son hôte et son ami, auquel il me recommanda d'une manière toute particulière.

Nous avons dû à l'aimable initiative de M. Martin de passer une soirée charmante à notre hôtel; il nous a présenté la colonie française du Caire : dans cette soirée improvisée les souvenirs de notre commune patrie ont été souvent évoqués. La France devient plus chère à mesure qu'on s'en éloigne.

19 avril. — Montés à âne, à dix heures, nous allons visiter la citadelle. Des amulettes sont suspendus au col de nos montures, afin de les préserver du mauvais génie. Les Arabes, fort superstitieux, craignent les sorts et les charmes; pour s'en préserver ils portent des talismans et en font porter aux animaux qui les secondent dans leurs travaux, notamment à leurs chevaux pour lesquels ils redoutent surtout les maléfices. Ne sourions pas trop : de nos jours il se rencontre encore en France quantité de gens imbus des plus absurdes préjugés.

Parvenus à la citadelle, nous y montons par une belle rampe taillée dans le roc. Cette forteresse, devenue célèbre par le massacre de 400 mameloucks, ordonné par Méhémet-Ali, le 1er mars 1811, est située à l'est du Caire sur une élévation assez rapprochée du mont Moqattam : solidement construite, elle s'appuie sur des tours placées à chacun de ses angles [1]; de

1. Le corps si redoutable des mamelouks se recrutait parmi les esclaves géorgiens et circassiens.

sa plateforme on domine la ville et ses innombrables minarets aux formes sveltes et élégantes, s'élevant majestueusement au-dessus des dômes grâcieux des mosquées, et se confondant avec la riche verdure des palmiers.

Le vice-roi y fait élever une mosquée, dont les colonnes et les ornements intérieurs sont en albâtre oriental. Près de ce monument en construction on voit les ruines de l'ancien palais du sultan Saladin. Plus de trente colonnes de granit rose, de grande dimension, portant encore les traces de l'incendie, restent couchées dans la poussière.

Nous passons dans une cour très-vaste, où piaffent quantité de beaux chevaux richement harnachés : c'est la cour du divan. Le pacha y était attendu. Voir le pacha c'était une bonne fortune dont nous voulûmes profiter. Elle ne se fit pas attendre longtemps; nous pûmes le voir et même l'approcher d'assez près; notre habit franc attira ses regards et nous valut de sa part un salut gracieux que nous nous empressâmes de lui rendre.

Le puits Joseph, l'une des curiosités de la citadelle : sa profondeur est de 90 mètres; on y descend par un escalier en spirale, qui permet d'arriver jusqu'au fond; des réservoirs sont installés d'étage en étage, et des *sakies*, mues par des bœufs, en élèvent les eaux successivement jusqu'à la sortie; du Moqattam, où nous sommes allés ensuite, on voit un ciel éblouissant et une perspective admirable. Ce vaste tableau encadré par le désert, renferme le cours du Nil, ses bords verdoyants, les Pyramides, et toute la plaine où fut jadis la célèbre Memphis.

20 avril. — Nécropoles du Caire : limitées par le désert, elles occupent une grande surface à l'orient de la ville; des tombeaux, des mosquées servant de sépultures, sont alignés et forment des rues, des quartiers, des places spacieuses; au premier aspect, on dirait une ville dont les habitants sont sortis; mais la mort règne en ces lieux; on y entend parfois des gémissements que trouble par intervalle le cri du hibou.

Le Caire est défendu au midi et à l'est par un mur en pierres de taille crénelé, percé de plusieurs portes; celle qu'on désigne sous le nom de Bab-el-Nazer, est une des plus belles; son architecture, quoique simple, est remarquable par son air de grandeur et de magnificence.

21 avril. — L'île Raoudah. Nous avons devancé nos âniers. Arrivés à une fort belle habitation dont la porte, donnant sur un magnifique jardin, était ouverte : pouvons-nous parcourir ce jardin, qui ne nous paraît pas gardé, sans trop nous éloigner? Telle fut la question que nous nous fîmes. Ce lieu était si enchanteur, que nous ne pouvions résister au désir d'y pénétrer.

A peine avions-nous dépassé le seuil, que deux eunuques athlétiques, gardiens de ce séjour charmant, qui était un harem (maison de femmes), jetant les hauts cris, se précipitent sur nous de la façon la plus brutale, et nous contraignent de rétrograder. Heureusement notre bonne contenance nous protégea contre la fureur de ces forcenés; quant à nos âniers, à qui ils attribuaient notre visite inopportune, ils les cherchèrent et surent bien les trouver; mais ces petits malheureux se hâtèrent de nous rejoindre, implorant une protection qui ne leur fit pas défaut.

Nous laissons nos ânes au bord du Nil, pour

passer dans l'île de Raoudah ; une végétation merveilleuse en couvre le sol : le bananier, le mélia, la casse, le jujubier, le cannellier, le cafier et autres plantes exotiques et indigènes aux rameaux flexibles, couverts de fleurs et de fruits, y offrent un ombrage des plus frais et des plus délicieux.

Le *Mekias,* ou nilomètre, s'élève à l'angle sud de l'île. On désigne ainsi une colonne sur laquelle sont indiquées les marques servant à constater l'élévation des eaux lors de la crue du Nil.

Les eaux commencent d'ordinaire à s'élever vers la fin de juin, et continuent par gradation jusqu'à la fin d'octobre, époque où l'inondation atteint son maximum. Les eaux restent à peu près stationnaires en novembre et décembre, puis elles décroissent en janvier, février, mars, et aux premiers jours d'avril le fleuve a repris son état normal, laissant le sol arable couvert d'une couche de limon qui le fertilise complétement.

On croit généralement que c'est dans l'île de Raoudah que fut receuilli le berceau flottant de Moïse par l'une des filles de Pharaon.

22 avril. — Chaque rue ici a son industrie particulière; il en est de même des bazars, affectés chacun à un commerce spécial.

Les bazars ne sont autre chose que des rues d'une quinzaine de pieds de large avec trottoirs; ils sont couverts, afin d'atténuer la chaleur du jour et les intempéries de la mauvaise saison; les marchands y sont installés dans de petites boutiques qui garnissent les deux côtés; le public y circule fort à l'aise, et il n'est pas rare d'y rencontrer des cavaliers sur leur monture; l'entrée en est interdite par des chaînes tendues en travers à l'heure de la prière ou de la sieste; la nuit ce sont des portes pleines en bois doublées de fer qui les ferment.

La population du Caire doit être considérable si j'en juge par les allants et venants. Il n'y a ici ni acte de naissance ni acte de décès; il ne se fait aucun recensement. Le fatalisme musulman s'oppose à ces mesures d'ordre. Martin, qui connaît bien la ville, habite le pays depuis longtemps et en parle la langue, l'évalue à près de 400,000 âmes.

Les femmes sortent peu, leur vie est toute d'intérieur; gênées par un embonpoint provenant de leur inaction, enveloppées de la tête aux pieds, elles ont la figure cachée et marchent difficilement. Les dames de qualité portent un pantalon à la mamelouk et courent la ville montées sur un cheval ou un gros âne conduit par un eunuque. Les hommes, dont le teint est basané, sont généralement d'une taille élevée; un costume magnifique leur donne un certain air de distinction qu'on serait tenté de prendre pour de la dignité, mais qui naît de la gravité qui leur est habituelle.

23 avril. — Le sort des esclaves m'a toujours beaucoup intéressé; il me tardait de voir le bazar affecté à leur trafic. Plus vaste et plus spacieux que celui d'Alexandrie, les esclaves y sont aussi plus nombreux; ils occupent une cour très-vaste, entourée de bâtiments à deux étages surmontés de terrasses. L'intérieur de ces bâtiments est divisé en petites pièces où sont logés les esclaves; chacune de ces pièces a pour tout mobilier un banc pour s'asseoir, une natte de jonc pour se coucher et une terrine de fonte pour apprêter la nourriture.

Pendant le jour, les esclaves, accroupis les uns près des autres, stationnent au milieu de la cour, exposés aux regards des acheteurs et des curieux. Les hommes ont la tête nue et rasée, les femmes conservent leurs cheveux courts; elles les frisent et les graissent avec une matière huileuse qui vient suinter sur leur visage. Les deux sexes portent un vêtement qui cache à peine leur nudité; quelques femmes ont le cartilage du nez percé et provisoirement garni de petites broches en bois, afin de recevoir les anneaux ou autres ornements qu'il plaira aux acquéreurs.

Chose pénible à dire, on prend beaucoup moins de soin pour acheter un cheval dont la valeur est souvent plus considérable que pour acquérir un homme son semblable. Il n'est sorte de précautions que ne prenne l'acheteur. Le marché conclu, il paye et emmène son esclave comme il ferait d'un animal acheté sur un champ de oire. Si au bout de quelques jours il reconnaît s'être trompé dans son acquisition, il ramène son esclave au bazar et le vend.

J'ai pu me tromper à l'égard de ces malheureuses créatures, mais la plupart m'ont paru indifférentes et peu soucieuses de leur abaissement. Quelques-unes, rêvant un bonheur sur lequel elles se font souvent illusion, aspirent avec impatience à une nouvelle condition. Ce qu'il y a de plus révoltant dans ce trafic inhumain, ce sont de jeunes garçons destinés à la garde des harems, sacrifiés dès leur enfance par une mutilation horrible à l'inquiète jalousie des musulmans. Quant aux esclaves, astreints au travail de la terre, leur sort est plus doux et plus libéral que partout ailleurs : après un certain temps ils se considèrent comme membres de la famille, se regardant comme bien supérieurs aux serviteurs gagés. La couleur de leur peau m'a paru irréprochable. *Servez le Seigneur, ne lui donnez point d'égal, exercez la bienfaisance envers vos esclaves*[1]. Des chrétiens, voire même des juifs, peuvent acheter des esclaves de l'un ou de l'autre sexe, et en faire leurs domestiques.

24 avril. — Le *kamsin* (vent du sud) souffle avec violence et couvre la ville d'un nuage de sable. Ce vent aigu et pénétrant attriste les hommes comme les animaux; on entend les cris plaintifs et saccadés des chèvres du voisi-

1. Coran, vol. I, chap. IV.

nage, et celui des lézards siffleurs (geeko), petits reptiles réfugiés dans les habitations et qui courent avec une vitesse extraordinaire, se cramponnant aux murs et aux plafonds, d'où l'on ne peut les faire déloger. Les vautours, les milans, les aigles et les éperviers se sont rapprochés de la ville et planent à la surface des terrasses. — Malgré le mauvais temps, nos préparatifs étant faits dès hier soir pour aller aux Pyramides, nous nous mettons en route; dès six heures du matin nous devons nous abandonner à la sagesse de nos ânes, qui seuls résistent aux terribles assauts du vent, sans ralentir leur marche. En traversant le vieux Caire, l'ancienne Fostat des Arabes, fondée par Amrou, nous longeons de vastes cours où sont entassés des blés et autres graminées; ce sont les greniers Joseph. Arrivés au bord du Nil, la barque qui doit nous transporter sur la rive opposée n'étant pas prête, nous nous abritons sous un sycomore (figuier de Pharaon). Cet arbre, d'une grosseur énorme, pourrait protéger au besoin toute une caravane; son écorce est jaunâtre, son feuillage luisant ressemble assez à celui du mûrier; il produit de petites figues bonnes à manger, qui se développent sur l'écorce du tronc et le hérissent, et sur de petites branches dénudées.

A peine embarqués, l'un de nos ânes, impatient, se laisse choir à l'eau, le courant l'entraîne; ce n'est qu'en nous laissant aller à la dérive que nous parvenons à le ressaisir et à l'amener à terre. L'ânier auquel il appartenait, quoique musulman, ne paraissait guère fataliste en ce moment, car il attachait beaucoup de prix à l'animal qui assurait son existence, et qui eût payé cher sa maladresse si un crocodile se fût trouvé là.

Au sortir de la barque, nous cheminons pendant près de deux heures dans une plaine des plus fertiles; nous rencontrons des ibis, oiseau encore vénéré des Égyptiens, qui détruit les serpents et les parasites nuisibles à l'agriculture.

Le kamsin ne nous laisse point de répit; la poussière est si épaisse que nous avons peine à distinguer les Pyramides, quoique nous en soyons proches. Nous arrivons vers midi à leur base (32 degrés Réaumur). Des Arabes offrent de nous aider à monter jusqu'au sommet de ces monuments ou de nous guider dans l'intérieur;

ils sont accompagnés d'enfants qui portent de l'eau fraîche dans des *bardaques*, vases d'une argile poreuse.

Campés à mi-côte, nous y serons garés du vent par des parties rocheuses où ont été creusés des tombeaux; ils existent encore, mais privés des cendres qu'ils contenaient. Nous trouvâmes un vivant couché dans un de ces tombeaux, qui avait pris possession à l'avance de sa dernière demeure, car il était bien malade; c'était un Anglais. Notre présence lui fit grand plaisir; il nous raconta qu'arrêté dans ses excursions par une brusque indisposition, il s'était réfugié là avec un esclave noir, son unique serviteur. L'état de ce malheureux voyageur était désespéré et ne permettait point de le transporter au Caire. Je lui promis de faire une démarche en sa faveur près du consul anglais, son protecteur naturel. Je me suis, en effet, acquitté de ce devoir, et j'ai été assez heureux pour exciter en faveur du malade la sollicitude du consulat. On lui a porté du secours, mais il ne pouvait guérir, et j'ai su, avant de quitter le Caire, qu'il était mort.

On compte trois pyramides : la première,

celle de droite, est la plus importante; on la désigne sous le nom de *Chéops*. A la vue de ces masses colossales on est frappé d'admiration et d'effroi. Placées à l'entrée du désert, au milieu d'une vaste plaine, elles sont construites en assises de pierre calcaire d'une prodigieuse grosseur. A l'extérieur elles présentaient jadis un revêtement de granit d'un gris rougeâtre du plus beau poli; il en reste encore quelques vestiges bien conservés. Autour de ces gigantesques monuments on rencontre des tombeaux qui ont été profanés; ces sépulcres restés béants affleurent le sol et forment autant de précipices où moi-même je faillis tomber. Des débris de momies, avec les bandelettes qui les enveloppaient primitivement, retournent peu à peu au sein des éléments, et sur ce sol brûlant servent de jouet aux vents.

Quel néant! que de réflexions sur ces riches vaniteux, dont l'orgueil ne s'arrêtant même pas au seuil du tombeau, exigent qu'à leur mort leurs corps soient enfermés et rivés dans le plomb et la pierre! Vaine précaution! on ne saurait se soustraire aux lois de la nature, et les empires mêmes meurent et s'écroulent. Si la bonté d'un Dieu tout-puissant et miséricordieux n'était là pour nous soutenir dans les épreuves difficiles de la vie, que devriendrions-nous, pauvres créatures éphémères?

Des fouilles toutes récentes ont amené la découverte de quatre sarcophages de granit, dont trois noirs et un blanc; le travail en est magnifique et aussi bien conservé que s'il sortait des mains de l'ouvrier. Tous ces tombeaux appartenaient à l'ancienne Memphis, qui n'a laissé d'elle-même que le souvenir.

Chez les anciens Égyptiens l'embaumement était tellement usité, qu'il s'appliquait même aux animaux, dont on retrouve de nombreux restes. On peut en inférer que non-seulement un principe religieux avait prescrit cet usage, mais encore que c'était de l'hygiène bien entendue, puisqu'alors la peste y était inconnue, au dire d'Hérodote, de Strabon et de Diodore de Sicile.

Le Sphinx, dont les proportions sont colossales aussi, d'un beau granit rose, repose en avant et au midi des pyramides. Il était autrefois couvert de dessins hiéroglyphiques dont il reste encore des traces bien visibles. On ne saurait, selon moi, attribuer la figure allégorique du sphinx, composé d'un corps de vierge enté sur celui d'un lion, qu'au dessein de perpétuer le souvenir du débordement du Nil, événement des plus importants de l'année, qui a lieu sous les deux signes du zodiaque le Lion et la Vierge.

Trois heures. La chaleur devient insupportable, le thermomètre marque 34 degrés.

Les pyramides servent de retraite à une multitude de vautours, d'aigles et d'éperviers qu'on voit s'envoler par bandes, puis voltiger pour s'élever dans les airs à une hauteur prodigieuse et où il est impossible de les atteindre.

En tirant un coup de fusil sur le tronc d'un sycomore de moyenne grosseur, je suis bien surpris de voir une séve laiteuse et abondante de couleur rougeâtre s'échapper du trou formé par la balle. Pour me rendre compte du fait, j'enlève avec soin un peu d'écorce sans nuire au sujet; j'en trouve deux superposées : la première, l'extérieure, est blanche; la seconde, contiguë au bois, est d'un rouge veiné de blanc. Ces deux écorces, de couleurs si tranchées, appartenant au même sujet, me parurent beaucoup plus épaisses et plus juteuses que celles des végétaux croissant sous notre latitude; j'en inférai que ces arbres privés ici d'humidité et de fraîcheur pendant presque toute l'année et soumis à une chaleur torride, devaient puiser dans leur propre écorce, comme dans un réservoir créé par la nature prévoyante, les sucs nécessaires à leur végétation, qu'ils ne peuvent puiser au dehors.

25 avril. — Le kamsin a cessé de souffler; Dieu soit loué!

Le soleil éblouissant de lumière rayonne et miroite avec magnificence sur les granits que le temps a respectés sur les différentes faces des pyramides. Ce changement de température nous permet de découvrir le Caire et la plaine où fut Memphis, encore jalonnée des pyramides de Sakkara.

Neuf heures. Guidés par des Arabes, nous pénétrons dans la grande pyramide de Chéops, la seule des trois qui ait été fouillée ; on y arrive par un couloir rapide, en s'appuyant sur les mains.

On est peu d'accord sur le but de ces monuments : les uns prétendent qu'ils furent élevés pour défendre la plaine du Nil contre les sables du désert libyque; d'autres, que ce fut uniquement pour servir de tombeaux aux pharaons.

Nous revenons au Caire par les villages de Giseh et d'Embabeh. Embabeh est célèbre par la bataille des Pyramides, gagnée par Napoléon sur Mourad-Bey, le 21 juillet 1798.

Nous rencontrons des cultures des mieux assolées et des prairies artificielles bien réussies où paissent des chevaux; attachés par les pieds à des piquets, ils secouent leurs magnifiques crinières et hennissent en dépit de la gêne qu'on leur impose. Dans ce pays où manquent les prairies naturelles, les artificielles sont appelées à rendre de très-grands services.

26 avril. — Passé le Nil à Embabeh. Je ne sais si c'est fête aujourd'hui chez les musulmans, mais les muezzins se sont fait entendre ce matin beaucoup plus longtemps qu'à l'ordinaire; ces voix, qui semblent descendre du ciel, imposent et captivent l'attention; elles tombent au même instant du haut de tous les minarets et appellent les croyants à la prière quatre fois par jour : au lever de l'aurore, à midi, à trois heures et au coucher du soleil. A chacune de ces heures, le muezzin monte au minaret (tour élevée qui est aux mosquées ce que le clocher est à nos églises), et là, debout dans une galerie circulaire, il chante d'une voix éclatante et mélodieuse la phrase suivante : *Allah acbar. Echhed en la ila ella Allah. Echhed en Mahammed raçoul Allah. Hai ala elfalah. Hai ala elfalah. Allah acbar. La ila ella Allah.*

Voici la traduction : « Dieu est grand. J'at-« teste qu'il n'y a qu'un Dieu ; j'atteste que « Mahomet est son prophète. Venez à la prière, « venez à l'adoration. Dieu est grand, il est « unique. [1] »

Voici un autre extrait (folio 71, Ier vol.) : c'est un verset qui indique la position que tout musulman doit garder en priant.

« Déjà nous te voyons lever les yeux vers le « ciel ; nous voulons que le lieu où tu adresse-« ras ta prière te soit agréable. Tourne ton « front vers le temple antique qu'Abraham, aïeul « d'Ismaël, consacra au Seigneur (le temple de « la Mecque). En quelque lieu que tu sois, « porte tes regards vers ce sanctuaire auguste ; « les juifs et les chrétiens savent que cette ma-« nière de prier est la véritable. L'Éternel a « l'œil ouvert sur tes actions. »

1. Coran, vol. I, f° 72.

Les musulmans ne résistent jamais à cet appel. S'ils sont près de la mosquée, ils y entrent; ceux qui en sont éloignés, et hors de la portée de la voix du muezzin, consultent le soleil, et lorsqu'ils jugent l'heure de la prière arrivée, ils suspendent leur travail, et n'importe en quel lieu ils se trouvent, ils se tournent du côté de la Mecque et se mettent à prier. Ils interdisent aux chrétiens et aux juifs l'entrée de leurs mosquées et la lecture du Coran, mais ils n'hésitent pas à prier en leur présence.

Voici la manière dont ils prient : ils élèvent les mains jusqu'au niveau de la tête, et plaçant le pouce sur la partie inférieure de l'oreille, ils prononcent une courte prière. Après cette première cérémonie, le musulman ramène les deux mains sur son ventre, la droite sur la gauche, et dans cette posture il récite quelques versets du Coran; la troisième partie de ce pieux devoir consiste à incliner la tête et le corps en appuyant les mains sur les genoux et prononçant une nouvelle prière; ils se relèvent ensuite et se prosternent de manière que leur nez, leur bouche et leur front touchent la terre.

Les musulmans sont très-pieux. Le vin et la

chair du porc leur sont défendus. Le vendredi est leur dimanche; ce jour-là est exclusivement consacré à la prière et à la visite des cimetières.

On conçoit la défense de boire du vin et autres liqueurs fermentées sous le ciel de l'Arabie, où ces boissons ne pouvaient produire qu'un effet déplorable; on l'attribue aussi à une scène d'ivresse dont Mahomet fut témoin. Dans cette défense, il est aussi parlé des statues; c'était dans le but de détruire complétement l'idolâtrie, culte auquel étaient adonnées les tribus arabes que Mahomet projetait de rallier à lui. Voici les paroles du Coran [1] :

« O croyants, le vin, les jeux de hasard, les « statues et le sort des flèches, sont une abomi- « nation inventée par Satan. Abstenez-vous-en, « de peur que vous ne deveniez pervers; obéissez « à Dieu et à son apôtre, et craignez. »

Mahomet, fondateur de l'islamisme, naquit à la Mecque, l'an 570 de Jésus-Christ, et mourut l'an 632 à Médine, où l'on voit son tombeau. Ses principes religieux se réduisent à deux : l'unité de Dieu; il n'y a point d'autre dieu que

1. Vol. I, p. 96.

Dieu, et la foi en la mission de son prophète Mahomet. Ses préceptes sont la circoncision, la prière, l'aumône, les ablutions, le jeûne. Exclusif dans sa mission, Mahomet s'exprime sur le Christ en ces termes [1].

Après avoir parlé de la naissance de la Vierge et de celle du Christ, qu'il considère comme un prophète, il termine ainsi : « Jésus est, aux « yeux du Très-Haut, un homme comme Adam. « Adam fut créé de poussière; Dieu lui dit : « Sois, et il fut. »

Sur la plupart des fontaines qu'on rencontre on peut lire des inscriptions dont voici un exemple :

« N'adorez qu'un Dieu; soyez bienfaisants « envers vos parents, les orphelins et les « pauvres. Faites la prière, et donnez l'aumône « le jour, la nuit, en public, en secret, vous en « recevrez le prix des mains de l'Éternel, et « vous serez à l'abri des frayeurs et des tour- « ments. »

Quelques-unes de ces fontaines sont fondées par de pieux musulmans à titre de vœu. A cer-

1. Vol. I, chap. III, p. 57.

tains jours de l'année on y distribue de l'eau aux passants au moyen de gobelets retenus par de petites chaînes et qu'on se passe de main en main.

27 avril. — Mosquée du sultan Hassan. Sa forme est celle d'un parallélogramme. Elle est ornée à l'extérieur d'une corniche très-saillante et de sculptures gothiques. Avant d'y pénétrer, nous ôtons nos souliers (condition indispensable pour être admis dans un temple musulman) et les donnons à garder à un homme chargé de ce soin. Bien que l'accès de cette mosquée ne soit pas absolument interdit aux chrétiens, notre présence paraît déplaire aux croyants qui s'y trouvent en prière. De riches tapis recouvrent le sol; une chaire en marbre et une niche placée en regard de la Mecque pour les adorations sont les seules choses qu'on y voit; ils suffisent aux besoins d'un culte uniquement basé sur la prière.

Dans chaque mosquée on voit une fontaine destinée aux ablutions, l'usage étant de se laver avant de prier. La mosquée Sidi-Mauristan, d'une architecture plus délicate, que nous voyons ensuite, n'offre moins d'intérêt. Une maison d'aliénés y est attenante; ces malheureux sont enchaînés et renfermés isolément dans des loges où ils ne peuvent se tenir debout. Nous leur faisons donner du pain et du tabac; ils en paraissent fort satisfaits.

28 avril. — Les juifs sont faciles à reconnaître à leur tenue malpropre et à leur turban noir ou de couleur foncée. Au détour d'une rue, quelques juifs causant entre eux nous barraient le passage. Notre ânier, enfant de dix ans, sans que personne l'y poussât, se jette sur eux à coups de courbache et s'enfuit. Il faillit payer cher sa témérité, car l'un des juifs, s'étant mis à sa poursuite, avait fini par l'atteindre. Prévoyant ce qui allait se passer, nous hâtâmes le pas et arrivâmes assez à temps pour lui éviter une correction qu'il avait d'ailleurs méritée.

L'ami Martin, toujours préoccupé de ce qui peut nous être agréable, nous a donné ce soir une petite fête qui nous a beaucoup amusés. Il s'y trouvait des almées. Rien de plus joyeux, de plus leste que les allures et les gestes de ces bayadères nomades. Leurs danses, défendues en public, sont encore admises dans les habitations particulières. Parmi les invités se trouvaient de jeunes et jolies Levantines dont la mise était ravissante ; un diadème de pièces d'or ornait leur front, et leurs cheveux tout pailletés d'or tombaient en larges nattes sur leurs épaules; leurs ongles et la paume de leurs mains étaient teintes avec du henné.

29 avril. — J'ai visité plusieurs écoles. Les salles où elles se tiennent m'ont paru en général basses et mal éclairées. Les élèves, accroupis autour du maître, tiennent leur papier sur les genoux et écrivent de droite à gauche; ils apprennent à lire et à réciter les versets du Coran, en balançant le corps de gauche à droite; ce qui se pratique aussi dans les mosquées.

Les musulmans, plus réservés et moins expansifs que nous, ne sont pas moins bienveillants envers ceux qu'ils connaissent. Ils sont fastueux dans le vêtement ; quant à leur demeure, ils y tiennent moins ; car sous un ciel aussi pur et aussi beau on ne se tient guère dans les habitations. L'idée qu'on s'était faite autrefois de leur luxe avait sa raison d'être lorsque l'Europe était encore sauvage ; mais aujourd'hui celle-ci a de beaucoup dépassé son aînée sous tous les rapports.

Le salut des Orientaux a un caractère digne

et me plaît : ils portent la main droite sur le cœur, puis, la laissant tomber naturellement, disent : « (Sélam aleik), salut, la paix soit sur vous ; » on répond : « (Aleikoum es salam), sur vous soit la paix. »

Un psylle (preneur de serpents), ayant appris que M. O..., l'un de nos compagnons de voyage, s'occupait d'histoire naturelle, lui apporte une cargaison de reptiles vivants qu'il espère lui vendre.

Cet homme, dont l'industrie est si bizarre, a un aspect diabolique : vêtu de haillons sordides et poudreux, il est grêle, décharné ; ses dents sont blanches comme de l'ivoire, ses cheveux ébouriffés se hérissent, sa barbe est inculte et touffue. Installé au milieu d'une cour, il tire d'un long sac de peau des reptiles plus ou moins hideux, qui, saisis par le grand air, restent d'abord immobiles ; mais peu à peu on les voit ramper et chercher à fuir. Le psylle, qui les observe, s'empresse de les rappeler au moyen d'une baguette qu'il manie avec beaucoup de dextérité ; tous obéissent, s'arrêtent et viennent se grouper autour de lui de fort mauvaise grâce ; car ils sifflent affreusement. On introduit ceux qu'on achète dans des bocaux d'esprit-de-vin, d'où ils ne sortiront plus que pour orner des musées. Les reptiles abondent ici; on prétend même qu'il est peu de maisons qui n'en recèlent.

30 avril. — Les musulmans ont le respect des morts. L'inhumation a lieu souvent peu d'heures après la mort (prescription religieuse). Présenté d'abord à la mosquée, le mort y est lavé et ensuite conduit à sa dernière demeure sur un brancard porté à l'épaule, recouvert de châles ou autres étoffes analogues. Des hommes et des femmes suivent en ordre le cortége funèbre. Je m'apitoyais en voyant la douleur de ces dernières, lorsqu'on m'apprit que c'était un rôle qu'elles remplissaient et pour lequel elles étaient payées, n'étant nullement parentes du défunt.

Cet usage, bizarre à nos yeux, n'a cependant rien qui doive nous étonner, puisqu'on voit chez nous, où le cérémonial est tout différent, assister à nos inhumations des gens qui n'y viennent que par convenance; deuil d'apparat pitoyable au fond, car il manque d'affliction; la prière n'a de valeur qu'autant qu'elle émane du cœur.

Arrivé au lieu de la sépulture, on y dépose

le corps, la tête tournée du côté de la Mecque; on place de chaque côté une pierre pour la soutenir, puis on remplit la fosse, on l'entoure d'une rangée de briques et on dresse une pierre tumulaire surmontée d'un turban, avec l'indication du nom de la personne décédée. Les chrétiens n'en font pas davantage : une croix ou une pierre tumulaire suffit; celui qui vous aura aimé saura bien reconnaître la place où vous reposez; pour l'âme, elle retourne à Dieu, source de toutes choses. Ayons foi dans sa justice et sa bonté, nous ne serons pas effrayés à l'idée de la mort, que les méchants seuls doivent redouter.

1er mai. — Notre curiosité ne cesse d'être excitée: aujourd'hui nous voyons les fiançailles d'un mariage musulman. Une musique bruyante ouvre la marche, suit un cortége nombreux, puis des danseurs et des lutteurs frappant à coups redoublés sur des tam-tam et des tambours de Basque; c'est un vacarme épouvantable. Viennent ensuite des chevaux richement harnachés, montés par de jeunes garçons de l'âge de cinq ou six ans, destinés à être circoncis. Leur costume est riche, leur tête est ornée de sequins d'or ou d'autres pièces de monnaie, qui sont autant d'amulettes pour les préserver du mauvais génie. La future, voilée de la tête aux pieds, placée sous un dais, marche escortée de ses parents et de ses amis. La consécration du mariage a lieu devant le cadi.

Les femmes sont nubiles dès l'âge de douze ou treize ans.

Le musulman qui observe la loi peut avoir de trois à quatre femmes légitimes. Le Coran dit : « N'épousez que deux, trois ou quatre femmes; choisissez celles qui vous auront plu[1]. » Quant aux concubines, leur nombre est illimité. Il est des riches qui en ont une grande quantité, qu'ils tiennent enfermées sous la garde d'eunuques.

Le divorce est facile, mais fort dispendieux. Le mari qui répudie sa femme perd la dot qu'il lui a constituée. La femme peut, ainsi que l'homme, se remarier légitimement et religieusement jusqu'à quatre fois.

C'est parmi les femmes blanches de Géorgie et de Circassie, renommées pour leur beauté,

1. Chap. IV, p. 79.

que se recrutent les harems, où elles deviennent autant de concubines.

Les esclaves noires y sont admises au même titre, quoique la plupart du temps elles soient employées au service de la domesticité. La concubine rendue mère obtient sa liberté.

Aucun homme ne peut pénétrer dans un harem, si ce n'est le chef de famille, ses enfants ou quelques parents très-proches avec son consentement. Un étranger qui enfreindrait cette défense s'exposerait à perdre la vie.

2 mai. — Choubra, maison de plaisance du pacha. On y arrive par une avenue de sycomores bien plantée. Cette habitation, aussi agréable que belle, est ornée de fort beaux jardins. Nous y avons vu deux magnifiques éléphants; leur peau, d'un noir de jais, était luisante; des pierres précieuses réfléchissant les rayons du soleil ornaient leurs défenses. Le haras nouvellement installé dans son voisinage réunit toutes les conditions d'une bonne hygiène. Les chevaux, placés dans de larges stalles boisées, y sont à l'aise. Il y avait alors environ cinq cents bêtes, tant chevaux que mulets et ânes.

Les chevaux, mis au vert au printemps, y restent trois ou quatre mois, puis ils rentrent dans les écuries, où ils sont nourris d'orge, de paille hachée et quelquefois de féverolles concassées. On ne cultive pas l'avoine en Égypte.

3 mai. — Matarieh. Ce village, bâti sur les ruines de l'antique Héliopolis (ville du soleil), à l'est et à une lieue du Caire, est doublement célèbre; c'est là que fut livrée la bataille d'Héliopolis, qui illustra Kléber; c'est là aussi, selon la tradition, que s'arrêtèrent Joseph, Marie et l'enfant Jésus lorsqu'ils vinrent en Égypte fuyant la persécution d'Hérode. On y montre un sycomore que l'on croit être un rejeton de celui sous lequel se reposa la sainte famille et le puits où elle se désaltéra.

Ce lieu fut aussi la demeure de Putiphar, dont Joseph fut l'intendant.

4 mai. — Je n'ai pu me procurer au bazar un châle-cachemire dont j'avais besoin. La mode est pour beaucoup dans la préférence donnée à ce tissu étranger, dont la fraîcheur primitive a été souillée souvent dans le harem ou ailleurs. Notre industrie, avec ses progrès toujours croissants, peut rivaliser avec l'Orient et offrir à nos dames des produits neufs, dont la fraîcheur et la nouveauté sont à l'abri de toute contestation.

Le pacha se réserve le monopole du café; dans un pays où la consommation en est si considérable, on comprendra facilement l'importance des produits qu'il peut en tirer. Les cafés proviennent assez généralement de Moka, d'où ils arrivent par caravanes. La qualité en est excellente et l'arome délicieux; on le livre en poudre à la consommation, mais on se sert encore du pilon pour le broyer; cette méthode, disent les gens du pays, étant préférable.

Nous étions ici depuis près de trois semaines; il fallait songer à partir, s'occuper des moyens de transport vers la Palestine, par la voie du désert, et acquérir les divers objets nécessaires pour cette traversée. La liste en est assez longue : une tente, deux outres pour contenir notre eau; ce sont deux peaux de chèvre bien cousues, encore garnies de leurs longs poils, deux bouteilles en cuir, destinées à contenir de l'eau, s'accrochant au pommeau de la selle; des cordes; 200 livres de biscuit; un matelas bourré de coton, divisé en trois compartiments se repliant sur eux-mêmes pour la commodité du voyage et au besoin pouvant servir de coussin ou de divan ; une couffe de riz, des confitures, des dattes, des œufs, de l'huile, un poêlon, un fourneau à main, un sac de charbon, quatre assiettes, trois serviettes en coton, cuillers, verres ; deux caffas pour contenir les menues provisions ; la simplicité de notre cuisine nous dispense de couteaux et de fourchettes.

5 mai. — M. T..., vice-consul français, a l'obligeance de me faire remettre mon firman de route, que je l'avais prié de solliciter pour moi du gouvernement égyptien. En voici la traduction :

« De notre divan, l'an de l'hégire, le (l'hégire des mahométans commence à l'époque où Mahomet s'enfuit de la Mecque, 622 du Christ. Le mot hégire veut dire *fuite*).

« Notre ami (Français) Jean-Baptiste Morot, se rendant dans nos domaines pour visiter les lieux d'antiquités et autres lieux curieux et utiles à ses recherches, il nous a été présenté par son consul : en foi de quoi nous lui avons délivré notre firman, pour lui servir et valoir pendant son voyage dans l'étendue de nos domaines.

« Les moudirs, mamours et tous magistrats civils et militaires à qui ce firman sera présenté ne doivent pas négliger de lui accorder les égards, les soins, les services qui pourront lui être agréables, afin qu'aucune plainte ne nous soit portée par le voyageur.

« Nous recommandons qu'aucune insulte ni tort ne lui soit fait par les fellahs ou autres, et de lui procurer tout ce dont il pourra avoir besoin, en ne payant qu'au taux du pays pour les montures, barques, provisions, etc.

« Je regarderai comme rendus à moi-même tous les services que vous lui rendrez. »

C'est aujourd'hui vendredi, jour consacré au repos et à la prière chez les musulmans ; je ne saurais trouver un jour plus favorable pour inaugurer dans son beau un costume arabe dont j'ai fait emplette. Cette fête n'est pas, à la vérité, obligatoire pour moi ; mais je respecte toutes les religions, Dieu les jugera. J'ai dû, à l'instar des musulmans, me faire raser la tête; cette opération, qui devient une habitude constante, se fait avec beaucoup de célérité.

6 mai. — Le janissaire Hadgi-Ibrahim m'a présenté plusieurs chameliers ; je me suis mis d'accord avec l'un d'eux, et lui ai loué sept chameaux et trois mouckres (domestiques) pour nous conduire à Gaza. Le marché a été conclu au prix de 180 piastres par chameau. Un quart d'heure après la conclusion de ce marché, le chamelier avec lequel j'ai traité vient m'annoncer qu'il ne veut plus nous conduire qu'à raison de 220 piastres par chameau ; j'invoque nos conventions, il ne répond rien. L'Arabe est tellement cupide, qu'on ne sait jamais sur quoi compter avec lui ; je tenais au marché arrêté et ne voulais point être ainsi dupé.

Je le fais mander chez le zabit (l'intendant de la police) et m'y rends moi-même avec mon drogman. Le zabit a la courtoisie de me faire asseoir près de lui sur son divan. Les chameliers arrivent en foule, curieux de connaître la solution d'une affaire qui les intéresse. Laissant leurs babouches à la porte, ils entrent pieds nus, saluent respectueusement et vont s'asseoir sur le sol. Mon drogman expose ma plainte ; le chamelier en fait autant de la sienne : il ne fut nullement question de mon témoignage ; les musulmans n'ont point foi en la parole d'un chrétien. Un assez long silence succède ; puis tout à coup le zabit s'agite et gesticule; il me semblait déjà voir la courbache[1] sur la tête du chamelier et prête à le châtier, lorsque ce dernier, se récriant, prononce le nom d'*Allah;* au lieu de la punition qu'il méritait, il obtient gain de cause, et je dois payer les chameaux 210 piastres.

Je m'étonne bien de ce jugement et ne puis me dissuader qu'Abdala, menteur d'abord, puis craignant les chameliers, n'ait exposé l'affaire à leur avantage; cela lui était d'autant plus facile, que je ne comprends pas un mot d'arabe. Il est utile de savoir qu'un bon chameau vaut de 35 à 40 talaris. Le talaris équivaut à 5 francs de notre monnaie.

7 mai. — J'ai désiré voir la petite ville de Boulaq, que je n'avais fait que traverser à mon arrivée; elle possède plusieurs établissements industriels : sa fabrique de draps a surtout fixé mon attention. Sous cette température élevée la laine sèche et se durcit, la fabrication et les apprêts en sont plus difficiles. En faisant la part de ces inconvénients, particuliers au pays,

1. Longue lanière, ou fouet, en cuir d'hippopotame.

je ne doute pas que la fabrication des étoffes ne prospérât ici, si l'on persévérait dans les améliorations importées d'Europe.

J'ai pu y voir de nombreux bestiaux de race bovine et ovine. Le bœuf ainsi que la vache sont de moyenne taille; leur pelage est terne, les cornes petites. Ces animaux sont soumis au travail beaucoup trop jeunes. Leur viande est de qualité ordinaire; avec des soins et une bonne nourriture on la rendrait excellente et on acquerrait de beaux produits, c'est indubitable.

Le buffle est magnifique et n'a point d'exigences; il aime sa liberté et les eaux du Nil, où il barbote et prend ses ébats; il se nourrit de joncs et autres plantes analogues, rend de très-grands services, coûte peu et donne un lait passable.

Le mouton porte une laine commune, qui ne peut être employée qu'à des tissus grossiers; sa chair, quoique ne manquant pas de graisse, est dure et coriace. Il est très-sujet à la pourriture, maladie bien connue en Europe, où elle exerce souvent de grands ravages; on l'attribue ici à juste titre à une nourriture aqueuse, par suite d'un séjour trop prolongé sous les eaux.

Les Égyptiens sont sobres, dociles et patients; ils savent courber la tête et obéir. Douce et philosophique apathie! Le bonheur est éminemment relatif; chacun a son lot personnel d'ambition et d'espérance. Où en serait la vie ici-bas s'il en était autrement?

Les couleurs éclatantes sont chères aux Orientaux; ces enfants du soleil se souviennent qu'ils ont vaincu et se sont illustrés avec elles.

8 mai. — Couvent catholique. Un supérieur et cinq ou six frères de l'ordre de Saint-François composent le personnel de l'établissement. Des croyances communes rapprochent les hommes dans les contrées lointaines et les portent à se prêter un mutuel appui. J'ai voulu voir le supérieur de ce couvent avant mon départ pour la Palestine. Ce digne et courageux vétéran du sacerdoce me donne sur l'état sanitaire de la Judée et de la Galilée des renseignements qui me feraient hésiter si je n'étais tout à fait décidé à faire ce voyage; il me promet une lettre de recommandation pour le révérendissime du Saint-Sépulcre, à Jérusalem.

9, 10, 11 et 12 mai. — Visites de départ : le docteur Clot-Bey a l'obligeance de me remettre deux lettres de recommandation, l'une pour le pacha Del-Arich, l'autre pour celui de Gaza. Le supérieur du couvent catholique me remet celle dont je viens de parler.

J'embrasse mon excellent ami Martin : le souvenir de sa douce et cordiale hospitalité me sera toujours cher. Peu après mon retour en France, j'ai appris qu'il y était venu pour respirer l'air natal et y était mort. Que la terre lui soit légère et qu'il dorme en paix dans le Seigneur !

CHAPITRE SEPTIÈME.

LE DÉSERT, EL-ARICH.

> L'homme sensible en voyage parsème ses affections derrière lui, chaque départ lui devient un supplice.

13 mai. — Nous sommes effrayés à l'aspect du volumineux bagage que nous emportons avec nous ; les mouckres et les chameaux l'ont bien allégé. Plus tard, Abdala nous accompagne en qualité de drogman et de cuisinier.

Nous quittons le Caire à deux heures du soir : nos chameaux nous attendent à la porte de Bab-el-Nazer. Chacun prend le sien en arrivant, le fait agenouiller au moyen d'un cri tiré du gosier, et monte dessus ; l'animal se relève rapidement, nous partons. Nos mouckres nous engagent à ne pas nous raidir sur nos montures, mais à nous abandonner à leurs allures; c'est le seul moyen, disent-ils, de ne pas en être incommodés. Leur harnachement est des plus simples; il consiste en une petite selle placée sur le dos, encadrant la bosse de manière à l'isoler de tout contact; le dessous de cette selle est garni de paille et le dessus recouvert d'une toile bordée de franges. Le poids que peut porter un chameau varie de 3 à 400 kilogrammes.

Nous passons près d'un cimetière où bon nombre de musulmans, couchés sur les tombes, dormaient paisiblement; notre caravane, assez bruyante au départ, ne les trouble point dans leur sommeil. Sous un ciel aussi pur et aussi beau, que d'êtres, sans de grands besoins, passent leur vie à rêver et à dormir!

Après avoir traversé des terres arables, divisées en lots, séparées par des haies de tamarin et d'acacias nilos, nous entrons dans une plaine inculte et sablonneuse qui n'en finit plus.

La marche du chameau, son balancement continuel, me fatiguent et me font éprouver de vives douleurs ; j'en suis à me demander si je pourrai m'habituer à ce mouvement de va-et-vient; dans le cas contraire, ce voyage serait pour moi une véritable calamité.

Onze heures du soir, Khanga : il fait un clair de lune superbe. Nous allons passer la nuit au kan; le kan est un lieu assez spacieux entouré de murs au sol poudreux et malpropre : des chevaux, des ânes, des chameaux, des dromadaires, des Arabes qui chantent, d'autres qui frappent des cordes tendues sur un tambourin, chacun faisant du bruit à sa façon ; ajoutez de la crotte, de la vermine; pas d'eau, pas de vivres que ce que l'on a apporté, tel est le kan. Ce début n'est guère encourageant.

Les précautions sont toujours sages et préviennent souvent le mal ; bien que la nuit soit avancée, nous chargeons nos armes. Nous faisons ensuite nos petits arrangements sous la tente ; chacun choisit sa place, y déroule sa natte et se couche désireux de goûter un repos nécessité par les fatigues d'une pénible journée.

A peine avons-nous fermé les yeux, que les bêtes, se détachant, courent à travers le kan pour y chercher pâture, bouleversent les tentes, se ruent sur la nôtre et nous éveillent en sursaut. Chacun de courir, de crier, pour mettre le holà ; la bagarre apaisée, on doit se féliciter si l'on a pu en sortir sans blessures.

14 mai. — Au lieu de trois mouckres que nous avions au départ, un seul est près de nous ; les deux autres, restés en arrière, n'ont pas encore paru. Il est à présumer qu'ils sont retournés au Caire, qu'ils ne quittent jamais qu'à regret. Forcés de les attendre, nous envoyons notre drogman au Caire, afin qu'il les recherche et les ramène avec lui, et, s'il n'y peut réussir, nous lui donnons une lettre pour notre consul, le priant d'intervenir près l'autorité locale, afin qu'il exige du chef chamelier avec lequel nous avons traité le nombre de mouckres qu'il est convenu de nous donner.

Le village de Khanga est des plus tristes : une extrême pauvreté paraît y régner. Nous voyons une caravane défiler silencieusement sans s'arrêter : ce sont des Bédouins vêtus d'une manière disparate ; ils sont armés jusqu'aux dents, traînent à leur suite un butin considérable et se dirigent vers cette plaine sans fin (le désert), où bientôt ils vont disparaître sans laisser derrière eux la moindre trace de leur passage.

Quoique nous ne soyons encore qu'à la limite du désert, nous en subissons déjà les inconvénients. L'eau qui remplissait nos outres a pris un mauvais goût; sa couleur est rougeâtre; nous avons eu tort d'acheter des outres neuves; elles tiennent bien l'eau, mais elles la corrompent promptement.

Midi : notre drogman arrive avec un mouckre et une négresse appartenant à ce dernier; c'est une jeune et jolie esclave âgée de dix à douze ans; il l'a achetée au bazar 150 francs, et espère la vendre 200 francs au pacha del Arich. C'est un embarras de plus contre lequel nous nous récrions; mais qu'y faire? Il faut subir jusqu'au bout la mauvaise foi de ces gens-là.

Il nous tardait de nous en aller; aussi ordonnons-nous le départ. Les mouckres, non contents de nous avoir retardés, refusent de se mettre en route; ils allèguent d'abord que leur camarade, complément indispensable du personnel de la caravane, n'est pas encore arrivé; puis, disent-ils, la journée est trop avancée; et comme nous allons entrer dans le désert, il est utile que nous fassions quelques provisions. Pendant ces pourparlers, arrive enfin le mouckre qui nous manquait : pour les décider à partir, bien que nous n'en soyons pas convenus, nous leur donnons l'argent nécessaire pour acheter de la farine et de la graine destinée aux chameaux. Nos complaisances ne les rendent que plus exigeants ; après s'être concertés entre eux, ils viennent nous déclarer qu'ils ne veulent pas partir avant demain matin. Alors la patience nous échappe, nous allons en venir aux mains; mais ils se décident à charger les chameaux. Nous nous mettons en route. Nous avons su depuis qu'Abdala était de connivence avec eux.

Nous pénétrons dans le désert et nous campons à onze heures du soir sur les confins d'une riche oasis, à Belbeis. La végétation y est des plus belles : des forêts de dattiers et de riches moissons couvrent le sol. C'est ici la terre de Goscen ou Gessen, contrée où Joseph, par ordre de Pharaon, établit son vieux père Jacob et ses frères Ruben, Siméon, Lévi, Juda, Isaccar, Zabulon, Benjamin, Dan, Nephtali, Gad et Ascer.

« Et Pharaon parla à Joseph, disant : Ton « père et tes frères sont venus vers toi.

« Le pays d'Égypte est à ta disposition ; fais « habiter ton père et tes frères dans le meilleur « endroit du pays; qu'ils demeurent dans la « terre de Goscen; et si tu connais qu'il y ait « parmi eux des gens forts et robustes, tu les « établiras sur tous mes troupeaux[1]. »

C'est en ce même lieu qu'après 430 ans de séjour en Égypte, se réunirent les Israélites pour retourner dans la terre de Chanaan, sous la conduite de Moïse, poursuivi par Pharaon (1645 avant Jésus-Christ).

« Dieu appela Moïse et Aaron la nuit, et dit : « Levez-vous, sortez du milieu de mon peuple, « vous et les enfants d'Israël, et allez-vous-en, « servez l'Éternel comme vous en avez parlé[2]. »

15 mai. — Des Turcs campés près de nous n'ont cessé de chanter toute la nuit; je me suis levé à plusieurs fois pour les prier de se taire; ils n'en ont rien fait; au contraire, ils semblaient avoir pris à tâche de troubler notre repos : « Eh quoi! disaient-ils, ce sont des fantaisies que nous chantons, cela ne peut vous empêcher de dormir. »

1. Genèse, chap. XLVII, 5 et 6.
2. Exode, chap. XII, 31.

Sept heures : nous voulons partir; mais nos mouckres ainsi que notre drogman sont absents. J'étais assis à l'entrée de la tente regardant si je les voyais revenir, lorsque j'aperçois plusieurs Arabes venant à moi, me prenant pour un médecin; ils viennent me consulter sur les diverses affections dont ils sont atteints.

Les médecins francs jouissent d'une grande considération dans le Levant. Je jugeai à propos de ne pas renier la science qu'ils me supposaient; je leur donnai des conseils pleins d'espérance et un remède de ma façon, qui a pu ne leur faire aucun bien, mais à coup sûr ne leur a fait aucun mal : je divisai une tablette de chocolat en autant de parts qu'il y avait de malades; puis je les leur distribuai; ils trouvèrent ma panacée excellente et s'en allèrent fort satisfaits.

Notre drogman et nos mouckres ne revenant pas, je me mets à leur recherche. Je les rencontre au bazar assis dans un café où ils fumaient fort paisiblement et dépensaient avec délices le temps qu'ils nous dérobaient.

Il faut une grande dose de patience pour vivre avec les Arabes; le bonheur pour eux consiste dans l'apathie et l'indifférence, tandis que nous le trouvons dans une occupation active et intelligente. Je les ramène; ils chargent les chameaux; nous partons, il est dix heures.

La négresse est montée sur le chameau qui porte nos provisions. L'animal, se trouvant surchargé, ne veut pas avancer. Encore un temps d'arrêt pour alléger son chargement. La chaleur devient excessive, 40 degrés Réaumur. L'illusion appelée *mirage* nous apparaît pour la première fois sur ces sables arides et brûlants; malgré soi on se laisse aller, on est entraîné vers les objets qui frappent l'imagination. On croit apercevoir des oasis aux eaux vives, dans lesquelles se mire une végétation magnifique; mais à mesure que vous en approchez, ce qui vous a séduit disparaît pour se reproduire d'un autre côté, soit sous la même forme, soit sous une autre non moins séduisante; c'est un supplice de Tantale.

Mon chameau, tourmenté par les insectes, juge convenable de s'abattre; je m'en sépare très-heureusement sans accident. J'ai tellement souffert de la chaleur, que ma figure et mes mains sont dépouillées ; je suis méconnaissable.

Six heures du soir : Rossel-Ouady. Nous y trouvons des eaux vives. Plusieurs habitants de cet oasis s'étant approchés de nous, l'un d'eux voulut prendre mon fusil sous prétexte de l'examiner ; son véritable but était de s'en emparer, je m'y opposai naturellement. Ces Arabes, en nous voyant partir, semblaient regretter vivement une proie convoitée.

Onze heures du soir : campés en plein désert, nous allions prendre notre repas lorsque nous sommes attaqués à l'improviste par des cavaliers arabes, écumeurs du désert. Passant au galop devant le front de notre tente, ils déchargent leurs armes sur nous et s'enfuient avec la même vitesse. Leurs balles allèrent se loger dans le haut de notre tente, et, par un bonheur providentiel, aucun de nous ne fut atteint. Nous courûmes à nos armes et tirâmes sur eux sans hésiter. Ils purent juger par là que nous étions en mesure de leur tenir tête ; aussi disparurent-ils pour ne plus reparaître. Nous n'eûmes à regretter que notre souper et quelques ustensiles de cuisine.

Nous passâmes la nuit sans dormir, entourés

de nos chameaux, dont nous nous fîmes un rempart.

16 mai. — Quatre heures du matin. Lever de la tente.

Nous cherchons vainement les cordes qui attachent nos bagages; nos mouckres se les étaient appropriées. A force de chercher, de crier et de menacer de la courbache, elles reparaissent comme par enchantement; ils les avaient cachées dans le sable, espérant les retrouver au retour.

Dix heures, Abassoueré : nous y déjeunons; notre eau est complétement gâtée, nos aliments et notre café s'en ressentent, tout est détestable. Le spectacle du mirage se reproduit.

Quatre heures du soir, Bossueré : trois ou quatre palmiers nains à l'état sauvage, une source d'eau assez potable, voilà l'oasis de Bossueré; nous y passons la nuit. Quelques tourterelles, égarées sans doute, viennent s'y désaltérer; nous en tuons deux, et ne devant pas rencontrer d'eau avant trois ou quatre jours, nous remplissons nos outres.

Une tribu arabe vient camper près de nous. Le plus âgé de la tribu, vieillard à l'air vénérable, dont la physionomie respire la bonté, est atteint d'ophthalmie, maladie très-commune ici. Ses enfants viennent nous prier de le guérir; si cela eût été en notre pouvoir, nous l'eussions fait avec grand plaisir; l'affection qu'ils portaient à leur père leur valait toutes nos sympathies.

Nos chameaux se sont éloignés de la tente; l'ombre de ces animaux sur cette mer de sable, par un beau clair de lune, se projette au loin et produit un effet grandiose et fantastique.

La négresse a faim : nous lui faisons donner des aliments. Pauvre jeune fille! elle est digne d'intérêt; ses traits ne manquent pas de finesse; elle porte de nombreuses cicatrices aux bras, aux jambes et à la figure. Nous lui en demandons la cause : elle nous explique qu'enlevée de vive force des bras de ses parents, elle s'est débattue entre les mains des ravisseurs. Liée avec des cordes, elle voulut s'en débarrasser, et elles laissèrent sur elle les empreintes que nous voyons.

Elle étend les cendres du feu qui a servi à préparer notre souper, y sème un peu de sable et se couche dessus; malgré ces précautions elle se plaint du froid; il est vrai qu'elle est à peine vêtue; nous lui donnons une couverture pour s'y envelopper.

17 mai. — Nous partons à trois heures du matin. Dès cette heure matinale la chaleur est accablante; il faut nous dévêtir et ne conserver que nos burnous. Avant le départ, j'ai fait une distribution de chocolat et de sucre noir à nos Arabes; la négresse n'a pas été oubliée, tous ont été fort charmés de cette petite largesse. Je la renouvellerai chaque jour pendant la durée du voyage.

Deux heures, Boérouh : il s'y trouve une source d'assez mauvaise eau; plusieurs tentes sont dressées à l'entour; elles appartiennent à des Cophtes qui viennent de Jérusalem. Notre eau, quoique renouvelée hier soir, est déjà corrompue; en attendant que celle de la source, épuisée par la caravane qui nous a devancé, soit devenue suffisante pour remplir les outres, nous prenons notre repas; nos Arabes en font autant; leur cuisine n'est pas succulente et les apprêts en sont faciles. Chacun d'eux porte avec soi un petit sachet contenant de la farine; ils en pétrissent quelques boulettes de la grosseur d'une noix, les font cuire sur le feu, les mangent et boivent de l'eau; cette nourriture, augmentée de quelques dattes, leur suffit. Ils sont d'ailleurs très-charitables entre eux, et partagent avec empressement ce mets frugal avec ceux des leurs qui en ont besoin, dussent-ils n'en avoir pas assez pour eux-mêmes. Une casserole en fer-blanc compose tout leur mobilier culinaire; ils mangent avec les doigts.

Nos chameaux reçoivent tous les soirs quelques poignées de féverolles et ne boivent que tous les trois ou quatre jours.

Cinq heures : pendant que nos chameliers chargent les bagages, nous prenons deux serpents d'une espèce rare et peu connue. Le chargement terminé, nous nous mettons en route. Nos chameliers, rarement pressés, restent en arrière à causer avec les Cophtes; l'un de nous va à leur rencontre : ne le voyant pas revenir à son tour, nous en concevons de vives inquiétudes; il s'était égaré au milieu de cet océan de sables. Si le vent eût soufflé, nous étions tous perdus. Naturellement ce fut un nouveau sujet de querelle avec nos Arabes.

Le calme rétabli, nous continuons de marcher. A onze heures du soir nous eussions désiré dresser notre tente pour passer la nuit; mais le sol est tellement mobile, qu'il est impossible de l'y asseoir; nous sommes forcés de dormir enveloppés de nos burnous; en m'éveillant je suis bien surpris de voir mes mains remplies de scarabées; ces insectes ailés y humaient la sueur.

18 mai. — Nos bagages n'ayant pas été ouverts hier soir, les apprêts du départ en sont fort simplifiés. Juchés avant le jour sur nos chameaux, nous attendons le lever du soleil pour partir. Le ciel est d'une pureté admirable et tel qu'on ne le voit que dans ces déserts où le soleil répand avec abondance des flots de lumière que rien n'arrête. Quel silence solennel! quelle belle solitude! L'âme s'y repaît de pensées élevées, et les lointains souvenirs de l'enfance y passent comme des ombres fugitives. Ces plaines immenses, qu'ont foulé les Israélites au temps de Moïse, sont restées les mêmes jusqu'à nos jours.

Après une journée extrêmement fatigante, nous campons à neuf heures du soir.

19 mai. — Nos mouckres sont exacts à faire leurs prières; Abdala l'est beaucoup moins. Je lui en fais l'observation; il n'en paraît pas flatté, car je l'entends grommeler entre ses dents : *chien de chrétien* (épithète ordinaire des musulmans à notre égard). Décidément Abdala est un mauvais serviteur; il n'aime rien que l'argent. Malheureusement il n'est pas le seul. Quant à la négresse, elle ne prie pour personne; il y a chez elle absence complète de religion.

Cinq heures du matin : nous nous mettons en route. Vers neuf heures, il tombe quelques gouttes d'eau; nous espérons que le temps va changer et que nous souffrirons moins de la soif et de la chaleur ; il n'en est rien. Nous longeons d'immenses dunes de sable que le vent déplace et change chaque jour; nous distinguons à leur sommet des vautours et des aigles; peu émus de notre passage, ils s'y tiennent immobiles et silencieux. A chaque instant on est dérouté dans le désert par le déplacement de ces monticules de sable tour à tour dispersés ou amoncelés par les vents. Sans le soleil et quelques ossements de chameaux qui ont succombé, et qu'on rencontre à demi ensevelis où épars sur le sol, on ne saurait s'y diriger. Les Arabes, pour se reconnaître, prennent le soin de tordre les branches des buissons qu'ils rencontrent.

Midi : nous arrêtons un quart d'heure à Moissardh (source d'eau salée), ses abords sont couverts d'une croûte de sel très-blanc, qui craque sous les pieds. Quelques palmiers rabougris, dont les branches traînent sur le sol, servent d'abri à des vautours et à des aigles; nous en faisons envoler deux d'une énorme grosseur. Le kamsin, qui nous avait menacés dans la matinée et s'était apaisé, se fait sentir de nouveau : les sables soulevés par un vent brûlant s'amassent et tourbillonnent dans les airs pour retomber ensuite sur nous. Il faut ne pas cesser de marcher si nous ne voulons être engloutis et suffoqués par cette tourmente. Nous nous contentons pour notre repas de biscuit que nous brisons avec les dents. En ces moments pénibles chacun se tait et agit sans rien dire. Le rugissement du lion ou le cri de la hyène peuvent seuls rompre ce silence.

Atoué, huit heures du soir : nous amarrons notre tente pour la protéger contre l'impétuosité du vent; nous sommes heureux de rencontrer ici une citerne pour nous désaltérer.

Quoique l'eau soit salée, conséquemment peu potable, nous en remplissons nos outres; la négresse se charge de ce soin et s'en acquitte avec zèle et intelligence; elle ne peut exprimer sa pensée; mais on voit qu'elle est reconnaissante des soins et des égards que nous avons pour elle. Comme toutes les jeunes filles, elle serait assez disposée à la coquetterie; car elle ne cesse de frotter ses bracelets, ainsi que les anneaux qui ornent le bas de ses jambes.

Nous avons été réveillés pendant la nuit par un cliquetis d'armes, suivi de coups de fusil; ce sont des soldats égyptiens faisant partie du corps de Soliman-Bey, qui vont rejoindre en Syrie. Le chef qui les commande nous fait demander notre firman de route; nous nous empressons de le lui envoyer par notre drogman. Cette troupe assez indisciplinée campe près de nous et ne cesse de tirer des coups de fusil; plusieurs balles viennent siffler à nos oreilles.

Un ennemi moins dangereux, mais redoutable par ses piqûres acérées, vient à son tour nous assiéger sous la tente, il y pénètre par phalanges, à tel point qu'il nous est impossible d'y demeurer. De guerre lasse, nous lui cédons la place et nous partons; il est une heure du matin. Déjà nous avions eu à subir ce désagrément, mais alors nous n'avions pas à combattre des ennemis aussi nombreux ni aussi acharnés.

La troupe égyptienne, qui n'a pas eu moins à souffrir que nous de ces insectes ailés, lève aussi ses tentes et part.

20 mai. — Nos chameaux épuisés de fatigue ne voulant plus avancer, nous suspendons la marche pour les faire reposer. Toujours du vent, impossible d'asseoir notre tente. Les insectes, quoiqu'un peu moins nombreux qu'à Atoué, nous font encore beaucoup de mal. Différents de grosseur, ils nous attaquent d'après leur force et leur agilité : les petits se jettent aux yeux qu'ils remplissent; les moyens à la figure qu'ils tuméfient; les plus gros pénètrent dans les narines et les oreilles, en bourdonnant d'une manière affreuse. La négresse, qui a toujours froid, fait usage d'un singulier moyen pour se réchauffer : elle amasse quelques plantes séchées par le soleil, y met le feu et se promène sur ce brasier enfumé jusqu'à ce qu'elle soit réchauffée.

Six heures, départ.

Midi. Nous prenons notre repas à Birelabbe; il s'y trouve plusieurs puits d'eau salée; il suffit d'en jeter sur le sable pour qu'elle forme à l'instant une croûte de sel.

Deux heures. Nous nous remettons en route, le désert présente ici l'aspect le plus triste et le plus affreux; nous avons hâte d'en sortir. J'ai les jambes enflées et je suis couvert de piqûres; mes compagnons de voyage ne sont pas plus heureux; M. O... a la fièvre.

21 mai. — Campés à dix heures du soir. Partis à six heures du matin. M. O... étant très-faible, nous avons dû l'aider à monter sur son chameau et l'y soutenir quelque temps.

Quatre heures. Nous nous croisons avec une caravane qui se rend en Égypte; ses chameaux sont chargés de jeunes et jolies Circassiennes, installées dans des cages de bois, recouvertes d'étoffes légères.

Neuf heures. Nous campons sur un sol semé de petits monticules de sable, nos chameaux y recherchent avec avidité quelques jets de plantes épineuses dont ils sont très-friands. Il ne faut pas être dégoûté dans le désert:

Abdala n'a pas une seule fois lavé nos ustensiles de cuisine depuis notre départ. A quoi bon dit-il, *Mochieu?* nous mangeons toujours la même chose.

Nos chameaux n'ont pas bu depuis cinq jours, leur haleine est devenue fétide et insupportable; nos monkres, d'une malpropreté remarquable, n'exhalent pas une meilleure odeur. La nuit m'a paru longue et pénible, des chacals venus à notre rencontre n'ont cessé de nous tenir en éveil et de nous fatiguer de leurs cris lugubres et sauvages.

22 mai. — A peine fait-il jour que nos chameaux défilent silencieusement et se mettent en marche, nous désirons profiter de ce que M. O... va mieux pour arriver de bonne heure à El-Arich. Le sable sur lequel nous marchons est mouvant, le pied s'y enfonce et disparaît à chaque pas..

Midi. El-Arich, limite de l'Afrique et de l'Asie, confins de la Palestine.

El-Arich, après laquelle nous soupirions, est une mauvaise bourgade composée d'une centaine de cahuttes couvertes en forme de terrasse. Sur chaque dessus de porte de ces habitations figurent les débris osseux de la mâchoire d'un chameau. J'ignore si c'est comme enjolivement ou en souvenir des services que rendent ces animaux.

Un fort, situé sur une légère éminence, domine El-Arich ; il consiste dans une simple muraille percée aux angles de meurtrières armées chacune d'une pièce de canon.

Notre drogman, que j'ai chargé de s'enquérir de la demeure du pacha pour lui remettre une lettre de recommandation, vient m'annoncer qu'il est absent pour une partie de la journée.

Le pays est si pauvre que nous n'y trouvons à acheter ni poules, ni œufs, ni pain; l'eau elle-même y est saumâtre ; néanmoins nous en remplissons les outres ; quant aux aliments, nous continuerons notre ordinaire, du riz et du biscuit détrempé dans l'eau. Dans ces voyages, on apprend à vivre de peu et à se passer de beaucoup de superfluités.

Nous avons dressé notre tente près de la muraille du fort, afin d'y être abrités du vent. La place eût été assez favorable si nous n'avions eu à nous défendre des chiens, des milans et des vautours qui en ont fait leur champ de pâture, et viennent déchiqueter les carcasses d'animaux morts qu'on y dépose habituellement. Ces carnassiers sont tellement effrontés que nous ne parvenons à les éloigner qu'à coups de fusil.

Pas de vivres, mauvaise eau, le pacha absent. J'étais bien désenchanté d'El-Arich. Pour un instant, la tête appuyée entre les deux mains, je me laissai aller à de pénibles réflexions. Que suis-je venu faire ici? me disais-je. Mais l'espérance, cette consolation si douce et qui allége tant de regrets, vient à mon aide, me console, et les misères du moment sont bien vite oubliées.

Le pacha, prévenu de notre arrivée, vint à notre campement suivi d'une escorte nombreuse; il monte un superbe cheval, richement harnaché, dont la fougue est tempérée par deux saïs. Cette visite, à laquelle nous ne nous attendions pas, avait quelque chose de théâtral. Le pacha portait un fort beau costume et des armes étincelantes de pierreries; sa barbe, ondulant sur la poitrine, lui donne une physionomie qui, sans être belle, est agréable.

Après les salutations d'usage, je lui remets la lettre du docteur Clot-Bey; tout en la lisant, il me demande si je suis content de mes Arabes et si j'ai besoin de quelque chose. Je lui réponds affirmativement sur ces deux questions; nous eussions désiré obtenir à prix d'argent quelques œufs et deux ou trois poules. Sa réponse fut brève. Je n'ai rien, dit-il, à vous donner; envoyez-moi votre drogman, je lui remettrai une lettre pour le pacha de Gaza. C'était peu fortifiant pour des estomacs délabrés, et ce dénûment contrastait avec un appareil aussi somptueux. Il est vrai que les apparences frappent l'imagination et la trompent souvent: fausse monnaie qui, née en Orient, ne laisse pas de circuler aujourd'hui en Occident.

N'ayant rien à espérer ici, il nous tardait de partir; aussi quittâmes-nous sur-le-champ El-Arich; il était quatre heures du soir. Nous traversons le lit d'un torrent desséché; peu après nous distinguons un bois de palmiers de peu d'étendue, c'était là sans doute la maison de campagne du pacha; nous crûmes l'y reconnaître.

CHAPITRE HUITIÈME.

KANIOUNESSE, GAZA, BETTARASSE, RAMLA, JÉRÉMIE, VALLÉE DE TÉRÉBINTHE.

> Il n'y a point d'effet sans cause. L'univers ne peut être le produit du hasard; il est l'œuvre d'un Dieu tout-puissant.

Nous cheminions paisiblement depuis près d'une heure, lorsque tout à coup nous sommes assaillis par une tempête des plus affreuses : le vent soulève le sable avec une impétuosité extraordinaire, l'horizon se couvre d'un nuage de poussière rouge, nos chameaux, chargés de bagages plus volumineux que pesants, ne pouvant résister au vent, se rapprochent et ne veulent plus avancer.

La nuit succède rapidement au jour, nous prenons le sage parti de nous grouper; protégés par des buissons de caroubiers, par nos effets et par nos chameaux, nous passons la nuit dans un état cruel de transe et d'inquiétude; sans manger ni dormir, nuit terrible dont l'obscurité eût été complète si parfois elle n'avait été interrompue par des éclairs rouges et étincelants qui sillonnaient le firmament; spectacle d'autant plus effrayant qu'il était suivi d'un bruit sourd et confus semblable à celui des vagues roulant sur une plage lointaine.

23 mai. — La nature semble fatiguée, l'air est lourd et mat, mais le soleil, qui se lève resplendissant, rend à nos membres engourdis leur élasticité. Les hommes et les choses ont besoin de repos après l'orage.

Partis à six heures, nous rencontrons deux Arabes faisant l'office de courriers; ils vont en Égypte et paraissent très-pressés, la poussière vole sous les pieds de leurs montures. C'est quelque chose de curieux que la manière dont ces hommes sont assis sur leurs dromadaires; on ne comprend pas que dans une position semblable ils puissent aller aussi vite et résister à la fatigue de courses aussi longues.

Dix heures. Chersvaid.

Sol sans accident, plaine de sable, une maison arabe, un tombeau de marabout, une trentaine de palmiers et un jujubier : voilà Chersvaid. Nous avions le projet d'y demeurer quelques heures, mais la rencontre d'un énorme serpent nous en éloigne et nous fait partir sur-le-champ.

Midi. Nous campons ; il nous reste quelques pruneaux que nous faisons cuire avec du riz ; ce mets de notre façon nous procure un repas délicieux.

Deux heures. En marche. Le sol est couvert de reptiles, nous mettons pied à terre pour leur faire la chasse ; le caméléon apathique et paresseux se laisse prendre aisément ; nous en enfermons plusieurs dans une boîte de ferblanc pour nous récréer dans nos moments de loisir.

L'apparition subite de Bédouins se dirigeant de notre côté met fin à cette chasse ; nous remontons sur nos chameaux et allons à eux résolûment. Arrivés à portée de pistolet, nous nous arrêtâmes ; quant à eux, ils continuèrent de défiler sans mot dire, se contentant de regarder notre butin, qui sans doute ne leur convient pas, car, armés comme ils le sont, ils pourraient facilement s'en emparer.

Abdala a eu peur ; il commence à comprendre que son sort est lié au nôtre, car si on nous pille, nous ne pourrons le payer, et puis la mort peut s'ensuivre. Tout fataliste qu'il est, il tient à la vie; que deviendrait le chibouc qu'il fume avec une molle et douce apathie?

Six heures. Kaniounesse, ancien pays des Philistins.

Ici se termine le désert, nous en sommes enchantés; l'espoir d'arriver prochainement à Jérusalem nous fait oublier nos fatigues et nous donne le courage d'en supporter de nouvelles.

La négresse n'est pas moins lasse que nous, le chamelier à qui elle appartient la laissera se reposer ici quelques jours avant de la mettre en vente.

Campés dans un cimetière au milieu de tombes arabes dont la terre est fraîchement remuée, nous croyons y reconnaître gisant sur le sol des ossements humains déterrés depuis peu ; nous eussions désiré un lieu plus sain et plus agréable, mais nos Arabes nous assurent que nous serons plus en sûreté ici que partout ailleurs; notre installation terminée, nous nous mettons en mesure de trouver de l'eau; nous en avons un pressant besoin; nous trouvons heureusement un puits qui nous en donne d'excellente.

Kaniounesse a joui autrefois d'une certaine célébrité; elle dépendait de la tribu de Siméon. Cette petite ville possède une assez jolie mosquée, et on y voit les ruines d'un vieux castel dont les créneaux subsistent encore ; on y rencontre aussi épars çà et là des débris de colonnes et de chapiteaux; des jardins plantés de mûriers, de sycomores, de palmiers et de figuiers l'encadrent et lui donnent un aspect des plus riants, qui repose la vue et remplit l'âme d'une douce impression après l'aridité du désert.

Pendant la nuit, nous sommes importunés par des hordes de chiens qui nous fatiguent de leurs aboiements incessants; excités qu'ils sont par des Arabes fanatiques, ils viennent assouvir leur rage sur nos effets qu'ils viennent mordiller; un oiseau de proie (un hibou) s'était mis de la partie; perché et immobile sur le haut de notre tente, il ne cessait de nous impressionner péniblement par ses cris plaintifs imitant parfois une voix humaine implorant de l'assistance. Je le cherchai vainement sans le découvrir; ce n'est qu'au jour que je pus l'apercevoir; je lui tirai un coup de pistolet et le tuai pour sa peine.

24 mai. — La terre est parsemée de chardons à fleurs bleues et d'oignons à l'état sauvage d'une énorme grosseur.

Sept heures du matin. Nous découvrons les montagnes de la Judée; une bande de sable (reste du désert) se prolonge à notre gauche; elle borde d'un côté la mer, de l'autre les terres arables, dont le sol noirâtre, légèrement caillouteux, est fertile.

On voit allant et venant des Arabes, à pied ou montés sur des chameaux, surveiller tour à tour les bestiaux et les récoltes.

Les troupeaux, d'une belle espèce, se composent de chèvres à longues oreilles et de moutons portant une queue monstrueuse chargée de graisse. Les vaches, de moyenne grandeur, sont fortes et bien proportionnées. Les chameaux sont nombreux; j'ai pu en compter jusqu'à deux cents formant une seule troupe, qui paissaient sur les revers boisés des montagnes bordant la plaine.

Dans un pays totalement dépourvu de routes et de chemins praticables, où il n'existe que quelques sentiers et où la voiture est inconnue, tous les transports se faisant par chameaux, cet animal y est extrêmement précieux et très-recherché. L'espèce ici en est fort belle ; c'est le chameau-dromadaire, il n'a qu'une seule bosse, son poil est ras et de couleur grisâtre.

C'est ici la patrie d'Abraham et de Jacob. On y retrouve l'homme primitif; les occupations calmes et régulières de la vie pastorale ont conservé la jeunesse de la race, race pure et magnifique qui n'est étiolée par la corruption des grandes villes.

Nous laissons à gauche Dérel'balla, petit village sur le bord de la mer qui nous apparaît, avec sa ceinture de palmiers et ses sables dorés, comme une oasis dans le désert. Nous rencontrons une quantité de cigognes ; cet oiseau rend à l'homme le service de détruire les insectes et de manger les serpents. Aussi les habitants, de quelque religion qu'ils soient, les respectent-ils.

Quatre heures. Aux portes de Gaza, nous apprenons que la peste y règne et qu'elle y fait de nombreuses victimes. On y a établi une quarantaine qui a pour directeurs deux étrangers n'ayant aucune notion de la médecine et ne parlant même pas la langue du pays.

Nous sommes fort embarrassés; nos chameliers nous quittent et ne veulent pas aller plus loin; malgré toutes les offres avantageuses que nous leur faisons, ils préfèrent, disent-ils, retourner en Égypte. Pendant que nous délibérons sur ce que nous ferons, l'un des chameaux, tourmenté par les mouches, brise sa longe et vient se précipiter sur moi. Je suis renversé; sans l'un de mes compagnons de voyage qui, s'élançant à la tête de l'animal, lui assène quelques coups de cravache et le fait changer de direction, j'eusse été infailliblement tué.

Nous tournons la ville pour aller camper à son extrémité sur un petit terrain défendu à l'est et au midi par des haies de nopals et ouvert des autres côtés sur un chemin contigu à un cimetière. Les voleurs étant ici encore plus nombreux qu'à Kaniounesse, ce lieu nous est indiqué comme le plus sûr.

Voilà donc les morts appelés à nous protéger contre les vivants.

Les chameliers déchargent nos bagages, nous réglons avec eux, ils nous font leurs adieux et nous quittent. L'un d'eux, avant de suivre ses camarades, vient près de moi et, s'inclinant, il prend mes deux mains, les pose sur son turban, puis il se relève et s'éloigne à son tour. Cette séparation me contrariait, je l'avoue; ces hommes n'avaient pas été irréprochables, mais ils avaient partagé nos privations et nos fatigues.

Notre tente dressée, je me rends chez le gouverneur de la ville pour lui présenter mes lettres d'introduction. Sa porte reste fermée; le gouverneur, tout musulman et fataliste qu'il est, s'est mis en quarantaine et ne reçoit personne. Vois, dis-je à Abdala qui m'accompagne, les précautions que prennent tes coreligionnaires contre la peste, sois prudent et évite tout contact avec qui que ce soit. Mais, soit fatalisme, soit indifférence, Abdala rit de mes recommandations et le voilà dans les bazars qui se mêle à la foule des acheteurs et des vendeurs.

On sait que les musulmans croient à la prédestination ; ils pensent que le destin de l'homme est écrit dès l'instant de sa naissance. Cette conviction les rend patients dans le malheur et hardis dans le danger :

« L'homme porte son sort attaché au col[1] », dit le Coran.

De notre tente, nous apercevons ce qui se passe dans le cimetière ; nous voyons errer sur les tombes ombragées de cyprès des femmes vêtues de blanc ; quelques-unes sont assises et causent entre elles ; à la lueur du crépuscule, on serait tenté de les prendre pour des revenants enveloppés de leurs linceuls ; des hommes groupés et assis en cercle récitent à haute voix les versets du Coran, qu'ils n'interrompent par intervalle que pour s'écrier : *Allah ! allah ! allah Kerim !*

25 mai. — Tout cela n'avait pour nous rien de bien rassurant, mais qu'y faire ? Impossible de nous procurer instantanément les chameaux dont nous avions besoin pour continuer notre route ; il fallait donc accepter de

1. Tome II, chap. XVII.

bonne grâce la situation qui nous était faite, nous résigner et nous écrier avec les musulmans : *Allah Kerim !* Notre drogman nous avait déjà familiarisés avec le danger, puisqu'il avait couru la ville et ne nous avait point apporté la peste; ce n'était pas un motif pour l'imiter, quoique rien jusqu'ici ne soit venu démontrer invinciblement les causes de la contagion de cette funeste maladie. Au surplus, toute la contrée étant empestée, il y avait partout égal danger; dès lors, nous n'avions plus à hésiter d'entrer à Gaza; Gaza, jadis la métropole des Philistins, présente de loin une perspective agréable; de près, c'est un grand village où les habitations disséminées sont entremêlées de palmiers dont les panaches ondoyants se balancent dans les airs. Bâtie sur une légère éminence qui va s'infléchissant légèrement à l'est, elle n'est séparée de la mer que par une bande de sable de peu d'étendue. En y pénétrant, notre premier soin fut de rechercher s'il s'y trouvait encore quelques ruines qui rappelassent l'événement biblique dont elle fut le théâtre. On lit en effet dans la Bible, au livre des Juges, chap. 16 : « Samson donc embrassa

« les deux piliers du milieu, sur lesquels la « maison était appuyée et se tint à eux ; l'un « était à sa droite, l'autre était à sa gauche, et « il dit : Que je meure avec les Philistins! Il « s'étendit donc de toute sa force et la maison « tomba sur le gouverneur et sur tout le peuple « qui y était. »

Nous vîmes un terrain inculte qu'on nous dit être l'endroit où s'élevait le temple des Philistins; mais rien n'en atteste l'authenticité; c'est une de ces traditions erronées qui passent d'âge en âge et s'accréditent sans motif sérieux. A l'ouest de la ville, nous découvrîmes quelques tronçons de colonnes de granit et d'autres débris de grandes proportions. Ces ruines ont pu appartenir à quelque monument antique, mais d'une date plus récente.

Notre présence dans leur ville attire le regard et l'attention des habitants, plusieurs nous suivent et nous demandent si nous sommes médecins (*akims*). La mort plane sur cette malheureuse cité et décime sa population.

On retrouve ici le costume arabe dans toute sa pureté; le majestueux turban qui sied si bien à ces têtes de patriarches n'est pas sacrifié à une coiffure bâtarde et ridicule, produit d'une réforme qui ne sera jamais qu'éphémère. Les peuples pasteurs portent avec le turban de longs manteaux en étoffe de laine à grandes raies, couleur noire et blanche, façonnées de la manière la plus simple. Ils s'en drapent à la manière antique.

26 mai. — Nous n'avons pas encore pu nous procurer les chameaux indispensables pour continuer notre route. La difficulté est d'autant plus grande qu'on exige que ceux dont nous nous servirons n'aient pas communiqué avec la ville, autrement on ne nous délivrerait point de firman de route (Teskeré), précaution ridicule puisque la ville, entièrement ouverte, est empestée aussi bien que les campagnes qui l'avoisinent.

Enfin un chamelier paraissant remplir les conditions qui nous sont imposées vient nous trouver, il se chargera de nous conduire à Ramla; nous traitons avec lui en présence du Mnézin, qui lui fait jurer sur le Coran que ses chameaux n'ont pas communiqué avec la ville.

Nous recevons la visite des deux directeurs de la Quarantaine; à leur costume, à leurs gourdins, à leur allure, on ne les croirait guère chargés d'une telle mission, on serait plutôt disposé à les prendre pour gens de mauvais aloi. La peste, loin de décroître, nous disent-ils, augmente d'intensité; ils nous engagent à visiter avec soin nos chameliers avant de leur confier nos bagages et nos personnes. La recommandation était sage, mais en nous montrant trop exigeants, nous courions risque de rester longtemps ici et d'y prendre le mal que nous voulions éviter.

Ils nous laissent entrevoir le peu de sécurité dont ils jouissent : la plupart des habitants, nous disent-ils, refusent de se soumettre aux lois de la quarantaine, irrités des exigences réitérées de la guerre entre Mahmoud et son vassal Méhémet-Ali. Ces deux grands chefs de l'islamisme déjà affaiblis, au lieu de s'entendre et de se prêter un mutuel appui, vont dans leur lutte sinon se détruire, mais s'amoindrir encore davantage.

Nos visiteurs, n'étant pressés, acceptent le café que nous leur offrons. Ce sont des Français, Gascons tous les deux, qui sont venus chercher fortune ici : en attendant qu'elle leur soit propice, pressés par le besoin, ils utilisent ainsi leur temps. On vient leur annoncer que plusieurs cas de peste se sont déclarés à la Quarantaine; ils y vont aussitôt et nous invitent à les y accompagner. Déjà aguerris contre la peste, nous n'hésitons pas à les suivre; mais que voyons-nous? Dans un grand espace entouré de murs, sans abri ni aucun secours que ceux que peuvent se procurer entre eux ces malheureux, nous trouvons enfermés et confondus les pestiférés et ceux qu'on soupçonne de l'être; quant aux prescriptions médicinales, rien absolument. La sollicitude de ces docteurs improvisés pour leurs malades se borne à les amener ici dès que les symptômes morbides se manifestent, et à les y retenir jusqu'à ce que mort ou guérison s'en suive; c'est d'une extrême simplicité. Quant à leur habitation, elle est lavée, blanchie à la chaux, puis fermée; ils n'y rentrent que lorsqu'ils sont guéris; mais en leur absence, que s'est-il passé? En rentrant, ils ne trouvent souvent plus rien; aussi beaucoup d'entre eux, plutôt que de se soumettre à une mesure qui d'ailleurs blesse leur croyance fataliste, préfèrent-ils mourir en silence.

La haie de nopal à laquelle nous sommes adossés borde un jardin délicieux d'où s'échappe un air parfumé des plus agréables et où fourmillent des essaims de mouches lumineuses (la luciole).

Le nopal ou figuier de l'Inde, qui s'élève ici à une hauteur prodigieuse (douze à quinze pieds), dont le fruit est excellent et dont les raquettes forment des haies impénétrables, ne laisse pas de contribuer, par ses fleurs, au bon air que nous respirons et auquel nous devons d'être préservés des miasmes cadavéreux et pestilentiels du cimetière.

Dix heures du soir. Nos chameaux arrivent et se rangent autour de la tente.

La nuit, que nous eussions désirée calme et paisible, est des plus agitées et des plus tristes; nous ne cessons d'entendre pleurer et gémir; on vient enterrer des morts furtivement, afin d'éviter les formalités désastreuses de la Quarantaine. Des Arabes passent la nuit couchés sur les tombes.

27 mai. — Six heures du matin. Nous nous mettons en route. Le pacha, qui n'avait pu nous recevoir à cause de la peste, nous avait ménagé une surprise à laquelle nous étions loin de nous attendre. A un quart de lieue de la ville, nous rencontrons un groupe de cavaliers qui nous offrent le café et se livrent, en notre présence, à la course du djérid; rien de plus curieux que ces cavaliers, qui non-seulement savent guider leurs chevaux dans un cercle continu, mais encore éviter la lance de leurs adversaires.

Le pays nous paraît toujours fertile. La plupart des villages sont désolés par la peste, et pourtant, rien à l'extérieur ne révèle au voyageur qui y pénètre le danger qui le menace.

Les cimetières ressemblent à des champs labourés; à chaque instant nous sommes spectateurs de scènes déchirantes.

La mort nous suit pas à pas. Nous traversons le torrent de Sorec; il y coule peu d'eau; des milliers d'hirondelles viennent s'y désaltérer; le talus du torrent est couvert de leurs nids.

M. de la V..... tombe de chameau. La chute est si terrible que je le crois tué. Arrêter la caravane et voler à son secours, c'est l'affaire d'un instant. Je veux le relever, impossible; il est évanoui et sans mouvement. Je me hâtai de le frictionner, il reprend ses sens. Une tête de

Breton comme la sienne pouvait seule résister à un pareil coup. Une chaleur aussi intense et le balancement incessant du chameau entraînent irrésistiblement au sommeil; chaque voyageur se voit exposé à tomber de sa monture et à se tuer. L'état de M. de la V..... ne présentant aucun danger, après trois heures de repos nous nous remettons en marche.

Sept heures, Bettarasse. Ce village est plus que décimé par la peste. Abdala veut y passer la nuit. Je m'y oppose; il persiste. Je le menace et l'en fais sortir de force. Nous allons asseoir notre tente sur le versant de l'une des montagnes du voisinage.

28 mai. — La nuit a été froide et obscure, bien que le ciel n'ait cessé d'être d'une sérénité parfaite. Séduits par la beauté du paysage et la douceur de l'air, nous y passons la journée. Nos provisions étant épuisées, le village de Sourd, dont nous sommes peu éloignés, pourvoira à nos besoins. Les habitants en sont agriculteurs; tous possèdent des troupeaux.

29 mai. — Six heures du matin. Après avoir voyagé pendant trois heures sur un sol légèrement accidenté, nous le quittons pour pénétrer dans une contrée montagneuse, dont les pentes sont bien cultivées. Le gibier y foisonne. Les gazelles courent et viennent bondir à nos pieds. La perdrix grise s'envole par compagnie. Bientôt nous descendons dans une immense plaine quasi inculte; c'est un lieu de pâturage pour les troupeaux. Deux hyènes passent près de nous; elles traversent effrontément le chemin que nous suivons, marchent lentement et s'arrêtent de temps à autre pour nous regarder. Armés comme nous le sommes, nous n'avons pas à nous inquiéter d'elles.

Midi. Nous découvrons la tour et les minarets de Ramla, d'où nous sommes encore à deux lieues. Je ne saurais exprimer la joie que je ressens; à la vue de cette tour et de ces minarets, je me crois être aux portes de ma patrie.

Aux environs de la ville, nous voyons courir dans la plaine des chevaux d'une rare beauté. Le cheval, cet animal si précieux et si peu ménagé chez nous, est ici le compagnon inséparable et l'ami de son maître.

Ramla, deux heures. La peste n'a pas épargné cette cité. Les hôtels sont inconnus en Palestine; les couvents offrent généreusement l'hospitalité aux étrangers des diverses communions qui viennent la visiter.

Nous allons au couvent catholique; il est en quarantaine; nous frappons à la porte, on ne nous répond pas; nous frappons de nouveau, même silence; au bout d'un quart d'heure, un moine apparaît à un petit guichet dominant la porte d'entrée, espèce de mâchicoulis d'où on peut voir ce qui se passe au dehors, sans être vu dedans, et nous demande ce que nous désirons. Nous lui répondons que, chrétiens catholiques, nous rendant à Jérusalem, nous le prions de vouloir bien nous recevoir au couvent pour la nuit. Après quelque hésitation bien pardonnable dans un moment aussi critique, il nous y introduit et nous loge dans une chambre basse donnant sur la cour d'entrée, isolée de toute communication avec le personnel du couvent.

On nous y sert un léger repas composé de riz, d'œufs cuits sur le plat, et de quelque peu de viande.

Nous eussions préféré communiquer librement avec les moines, pour leur témoigner combien nous étions touchés de leur bon accueil; mais, peu rassurés sur notre présence et ayant une peur effrayante de la peste, ils demeurent sur leurs terrasses. C'est de là seulement qu'il nous est permis d'échanger avec eux quelques mots de politesse.

Ramla, patrie de Joseph d'Arimathie, qui détacha le Christ de la croix. Ses maisons, peu élevées, se confondent avec un fouillis de végétation d'où s'élancent des figuiers, des grenadiers, des palmiers, dominés eux-mêmes par les minarets des mosquées. La tour dite des *Quarante Martyrs*, assise sur un sol fertile d'où elle se détache sur une légère élévation, offre à une certaine distance un aspect des plus riants. On y récolte du coton, du blé, de l'orge, du dourah et de la sésame. Les Arabes que nous rencontrons dans les champs sont officieux; curieux de voir nos armes, ils s'approchent de nous pour les examiner. Nous tuons quelques guépiers, oiseaux de couleur verte, qui sont ici très-nombreux.

Montés en haut de la tour des *Quarante Martyrs*, nous jouissons d'une vue délicieuse. On y arrive par un escalier en pierre de cent trente marches. Cette tour, d'architecture mauresque, débris d'un ancien temple chrétien, est bien conservée. L'église dont elle faisait partie ne présente plus qu'un monceau de ruines, dans lesquelles on voit encore quelques parties voûtées.

Dans la soirée, nous avons pu voir la chapelle dédiée à Joseph d'Arimathie. De petite dimension, elle est ornée fort simplement; son pavé est en marbre; trois lampes y brûlent nuit et jour. Le couvent et cette chapelle se trouvent établis, d'après les traditions, sur l'emplacement de la demeure de ce saint homme.

30 mai. — De grand matin, les moines nous souhaitent le bonjour du haut de leurs terrasses. Ils sont quatre Espagnols, de l'ordre des Franciscains, et désirent vivement revoir leur patrie. Désir bien naturel, car la patrie et la religion se réveillent dans nos cœurs à mesure que nous avançons dans la carrière de la vie.

Montés à cheval à sept heures, nous partons pour Jérusalem; nos bagages sont chargés à dos de mulets. Au sortir de la ville, nous suivons un sentier tracé dans une plaine légèrement accidentée; des gerbes de blé non encore battues s'y trouvent amoncelées, en forme de petites meules.

Après deux heures de marche, nous laissons à gauche, sur un petit monticule, le village de

Latroun, où naquit le voleur repentant qui fut pendu à côté du Christ. Nous touchons aux montagnes de Judée et nous y pénétrons en suivant un chemin rocailleux qui serpente à travers une chaîne de montagnes coniques, présentant des masses superposées.

Ces montagnes, tapissées de plantes parasites, auxquelles viennent se mêler des lentisques et des oliviers, sont vertes jusqu'au sommet.

Parvenus à un endroit très-resserré, espèce de défilé qui nous conduit à une vallée d'une assez grande étendue, nous apercevons, au débouché, le village de Jérémie, demeure du scheik Abougosh. Ce village, auquel on arrive par un chemin difficile, est bâti à mi-côte et commande, par sa position, le défilé et toute la vallée; ses maisons, solidement édifiées, sont blanchies à la chaux; celles d'Abougosh, chef arabe connu par ses exactions sur les pèlerins qui se rendent à Jérusalem, se fait remarquer par ses proportions plus grandes. Les habitants, couchés au soleil, enveloppés de la tête aux pieds de leurs longs manteaux, nous regardent avec impassibilité passer devant eux. On ne voit dans la vallée que quelques parcelles de terre cultivées, encore sont-elles disputées à un sol pierreux et accidenté où croissent quelques plantes herbacées, parmi lesquelles se distingue la mauve, l'œillet sauvage, le cyclamen et le bouton rouge.

Laissant le village à droite, nous tournons brusquement à gauche pour suivre pendant près d'une heure et demie des sentiers difficiles contournant le revers de montagnes arides et ne présentant que des roches nues. Du sommet de la chaîne, nous découvrons à droite, sur un mamelon de forme conique, le tombeau des Machabées, ces vaillants défenseurs de la foi et de la liberté juive. Ibrahim-Pacha ayant jugé cette position favorable y a fait construire un fort. A l'opposé, sur un autre mamelon, nous apercevons une église en ruine; à nos pieds s'étend une vallée d'une grande profondeur. Aucun bruit ne s'y fait entendre; âme qui vive n'y apparaît; des roches nues percent le sol. Cette vallée est celle de Térébinthe, où David fut vainqueur de Goliath. On lit dans la Bible, au chap. XVII, livre de Samuel : « Alors David « ayant mis la main à sa pannetière en prit une « pierre, la jeta avec sa fronde et en frappa le

« Philistin au front, tellement que la pierre « s'enfonça dans son front, et il tomba le visage « contre terre. »

Nous mettons pied à terre pour descendre; à mi-côte, nous distinguons à une légère distance le village de Kaloni. Arrivés au fond de la vallée, nous passons sur un pont d'une seule arche, le lit d'un torrent desséché.

Après une courte halte, nous nous enfonçons dans des sentiers pierreux non moins difficiles que les précédents. Nous avons une montagne à gravir; notre guide nous annonce que du sommet nous verrons *Lalkods* des Arabes, *la Jérusalem* des chrétiens.

Jérusalem étant le but de notre voyage, nous nous hâtons d'y arriver. Quant à moi, devançant la caravane, je parcours assez longtemps un sol accidenté et couvert de roches, sans rien apercevoir. Je découvre enfin la cité sacrée; il est cinq heures du soir. Je descends aussitôt de cheval et reste quelque temps dans un état de surprise extrême; je n'en pouvais croire mes yeux.

Est-ce bien là Jérusalem, cette ville antique et célèbre, dont le nom a frappé si souvent mes oreilles? J'éprouvais un sentiment difficile à décrire; aussi me tardait-il de voir arriver mes compagnons de voyage. Dès que nous fûmes réunis, nous nous fîmes part réciproquement de nos impressions, puis nous nous mîmes à descendre à pied, lentement et silencieusement, la colline du haut de laquelle nous avait apparu la ville sainte, les yeux fixés sur ses murs crénelés, sur l'église du Saint-Sépulcre et sur la mosquée d'Omar, dont les derniers rayons du soleil doraient encore le dôme, surmonté d'un croissant doré. A mesure que nous avançons, la ville semble s'étendre et se dérouler sur la pente légèrement inclinée où elle est assise. Désolée qu'elle est par la peste, on n'est plus tenu en ce moment à aucune formalité pour y pénétrer.

CHAPITRE NEUVIÈME.

JÉRUSALEM, BETHLÉEM, MER MORTE.

> La religion procure une paix profonde pendant la vie, une douce espérance au moment de la mort.

Cinq heures et demie. Nous entrons dans Jérusalem par la porte de Jaffa ou de Bethléem. Les couvents sont fermés, mais nous espérons être reçus à la Casanova, l'une des dépendances du couvent Latin. Le plus complet silence règne au dedans comme au dehors de cette cité. Laissant à droite le château de David, autour des Pisans, forteresse contiguë aux murailles de la ville, nous franchissons un espace formé de terrains vagues, puis, prenant à gauche, nous suivons des petites rues étroites et courtes, qui nous conduisent à la Casanova; nous y sommes reçus par un moine espagnol, le seul qui ne soit pas en quarantaine. Notre arrivée lui cause beaucoup d'embarras et de surprise; tout en nous indiquant le local que nous devons occuper, il ne cesse de nous répéter : « Ah, messieurs, quelle misère! Vous êtes les seuls « chrétiens étrangers qui soient ici. Comment « avez-vous pu y venir par un temps aussi calamiteux? Vous ne pourrez, continue-t-il, « communiquer avec le couvent; il est en quarantaine. » Ce disant, le bon moine prend soin de se tenir à distance et évite de s'approcher de nous. Il fait quelques difficultés pour recevoir Abdala : « C'est un musulman, dit-il, « il ne peut être admis dans cette maison. » Sur notre refus de nous en séparer, il consent enfin à le recevoir.

Le Révérendissime du couvent Latin, prévenu de notre arrivée, nous fait mander; il nous reçoit dans la cour du couvent et nous parle d'une fenêtre placée au premier étage. Déplorant les maux qui affligent Jérusalem, il regrette de ne pouvoir se mettre en rapport avec nous, mais il nous promet de faire tout ce qui dépendra de lui pour rendre notre séjour aussi agréable que possible, eu égard aux circonstances. Nous déposons nos lettres dans un bassin de cuivre qu'il fait descendre, et il n'en prend connaissance qu'après les avoir soumises à la fumigation.

De retour à la Casanova, distante du couvent Latin d'environ cent soixante mètres, non à vol d'oiseau, mais en suivant diverses petites rues, nous trouvons un bon souper et du vin de Bethléem. C'est au couvent que nous devons cette gracieuseté, et il veut bien nous la continuer pendant le temps de notre séjour ici.

Nous sommes installés tous les trois dans une même chambre; notre coucher se compose d'un petit matelas posé sur trois planches soutenues par des tréteaux. Après les fatigues du désert, c'est du luxe et un vrai confortable dont nous nous félicitons.

1er juin. — L'enceinte de la Casanova renferme une petite chapelle à demi souterraine, où l'on célèbre l'office divin; dénudée, sans autre ouverture que la porte d'entrée, elle rappelle l'asile des premiers apôtres du christianisme, qui se cachaient pour adorer Jésus-Christ.

Nous sommes éveillés de grand matin par le son de plusieurs voix; ce sont des enfants qui chantent les litanies dans la chapelle. Je ne saurais dire le charme et l'impression que me firent éprouver ces chants. Je les écoutais avec ravissement, ils éveillaient en moi des souvenirs d'enfance, et ces douces émotions me rappelaient avec attendrissement ma famille et ma patrie. Le fléau qui nous menace ne saurait nous arrêter un instant. Nous accomplissons notre pèlerinage. Notre drogman, ainsi que le moine qui réside avec nous, nous accompagnent; ce dernier marche en avant et à distance, afin d'éviter tout contact avec nous. Prenant la voie Douloureuse, que le Christ parcourut avec sa croix, nous laissons à gauche la maison de Pilate, vieux bâtiment d'architecture romaine, qui sert aujourd'hui de caserne, et où l'on monte par un escalier extérieur.

Dans la partie du mur de cette maison qui donne sur la voie Douloureuse, on nous fait remarquer une porte murée; elle nous est signalée comme étant celle qui conduisait à la salle judiciaire, d'où fut enlevé l'escalier qui existe à Rome, près de l'église Saint-Jean-de-Latran. Vis-à-vis, sur le côté opposé de la voie, une chapelle édifiée à la place où se trouvait la prison où le Christ fut enfermé, on lit sur la façade gravé dans la pierre (*Apprehendit Pilatus Jesum et flagellavit*).

Continuant d'avancer, nous voyons à gauche l'arcade où le Christ fut présenté au peuple par Pilate : « *Ecce homo* », puis le lieu où la Vierge s'évanouit. Plus loin, à droite, un tronçon de colonne indique l'endroit où le Christ, fatigué du poids de sa croix, fut aidé par Simon le Cyrénéen.

Ici la voie change de direction; elle tourne à gauche. Dans cette partie nous rencontrons la maison du mauvais riche, ainsi que le portique où se tenait Lazare implorant sa charité. A peu de distance, la maison de Véronique, cette sainte femme qui essuya le visage du Christ, puis le Saint-Sépulcre attenant au mont Golgotha; reprenant la voie Douloureuse en sens inverse, nous voyons une seconde fois les différents lieux qui nous ont été indiqués. En marchant lentement, elle peut être parcourue en moins d'un quart d'heure; elle a douze ou quinze pieds de large, forme le coude dans son milieu, commence à la maison de Pilate et finit au Saint-Sépulcre. La plupart des maisons qui la bordent tombent en ruine; celles que nous voyons encore debout sont remplies d'ordures et d'immondices.

Nous visitons la piscine Bethesda; le bassin, d'une grande étendue, était à sec, des plantes parasites y croissent au milieu des décombres qui l'obstruent. Cette piscine est une des choses qui m'ont le plus frappé, et dont l'authenticité m'a paru incontestable. Ce lieu était le rendez-vous des malades; Jésus y fit plusieurs miracles, notamment celui du paralytique :

4. « Or il y avait à Jérusalem, près de la « porte des Brebis, un réservoir d'eau appelé « en hébreu : Bethesda, qui avait cinq por- « tiques.

5. « Or il y avait là un homme qui était ma- « lade depuis trente-huit ans.

6. « Jésus, le voyant couché, sachant qu'il « était malade depuis longtemps, lui dit : « Veux-tu être guéri? »

7. « Le malade lui répondit : Seigneur, je « n'ai personne pour me jeter dans le réservoir « quand l'eau est troublée, car pendant que « j'y viens, un autre y descend avant moi.

8. « Jésus lui dit : « Lève-toi, emporte ton « lit et marche. »

9. « Et incontinent l'homme fut guéri et il « prit son lit et se mit à marcher[1]. »

Près de là se voient les ruines d'une église qui doit avoir été dédiée à Marie-Magdeleine. La porte Saint-Étienne, par laquelle nous sortons de la ville, est précédée d'une voûte assez longue. Au dehors sont disséminés des tombeaux blanchis à la chaux vive, leur blancheur est éclatante; l'usage de peindre les tombeaux remonte à une haute antiquité. Jésus-Christ y faisait allusion sans doute lorsqu'il s'écriait : « Malheur à vous, scribes et pharisiens hypo- « crites, car vous ressemblez à des sépulcres « blanchis, qui paraissent beaux par dehors, « mais qui, au dedans, sont pleins d'ossements « et d'ordures[2]. » Divines paroles qui, de nos jours, trouvent encore leur application ; l'espèce humaine est restée la même, ses préoccupations seules ont changé, aujourd'hui c'est de l'or qu'elle fait son Dieu; les idoles du peuple juif

1. Saint Jean, chap. v, verset 2.
2. Saint Mathieu, chap. xxiii, verset 27.

brisées par Moïse nous apparaissent sous une autre forme.

Descendant la vallée de Josaphat, nous voyons la pierre sur laquelle fut lapidé saint Étienne.

58. « Et l'ayant traîné hors de la ville, ils le « lapidèrent, et les témoins mirent leurs ha- « bits aux pieds d'un jeune homme nommé Saül.

59. « Et pendant qu'ils lapidaient Étienne, « celui-ci priait et disait : Seigneur Jésus, re- « çois mon esprit[1]. »

Nous traversons le torrent de Cédron, il était sans eau ; à quelques pas de là, nous remarquons à gauche le tombeau de la Vierge, sur lequel on a élevé une chapelle que desservent des moines arméniens ; un peu plus loin est l'endroit où Judas trahit son divin Maître.

44. « Celui que je baiserai, c'est lui ; saisis- « sez-le et l'emmenez sûrement.

45. « Aussitôt qu'il fut arrivé, il s'approche « de lui et lui dit : « Maître ! Maître ! » et il le « baisa.

46. « Alors ils mirent les mains sur Jésus et « le saisirent[2]. »

1. Actes, chap. VII, verset 58.
2. Saint Marc, chap. XIV, verset 44.

Nous quittons le fond de la vallée pour gravir le mont des Oliviers; nous trouvons à sa base le jardin de Gethsémané. « Ils allèrent ensuite dans un lieu appelé Gethsémané et Jésus « dit à ses disciples : Asseyez-vous ici jusqu'à « ce que j'aie prié[1]. » C'est un champ labouré, clos de murs en pierres sèches; nous y comptons huit oliviers; ces arbres, d'une énorme grosseur, sont très-vieux et entourés de rejetons. J'en cueillis plusieurs petites branches. Le moine franciscain qui nous accompagnait me dit que cela était défendu, car si tous les pèlerins en faisaient autant, ces arbres ne tarderaient à être complétement dépouillés et périraient.

Ces observations étaient fondées, mais le fait étant accompli, je gardai précieusement mes souvenirs de Gethsémané.

A mi-côte on nous fait remarquer une roche qui, d'après les traditions, serait celle sur laquelle le Christ s'est assis, regardant la ville coupable, et pleurant sur sa destruction prochaine. De là on découvre à merveille le vaste et ma-

1. Saint Marc, chap. XIV, verset 32.

gnifique emplacement du temple de Salomon.

Les Pharaons ont fait ériger tous les monuments égyptiens, qui sont en partie l'œuvre des Juifs pendant leur dure captivité.

12. « Ils établirent donc sur le peuple des « commissaires d'impôts pour l'accabler de « charge, et le peuple bâtit des villes fortes à « Pharaon, savoir Pithon et Rhamsès.

13. « Et les Égyptiens faisaient servir les « enfants d'Israël avec rigueur,

14. « Tellement qu'ils leur rendirent la vie « amère par une trop dure servitude[1]. »

Il n'est pas douteux que, rentrés en Judée avec les connaissances architecturales qu'ils avaient acquises chez les Égyptiens, ils ne les aient transmises à leurs descendants. Aussi ces derniers, élevant un temple à Dieu, l'ont-ils fait d'une beauté et d'une magnificence remarquables.

Ce temple, édifié 480 ans après la sortie d'Égypte des enfants d'Israël, fut pris et détruit par Titus l'an 70.

La vallée présente un aspect triste et sévère;

1. Exode, chap. I, v. 11.

le sol en est couvert de roches; on n'y voit que quelques champs cultivés, plantés çà et là d'oliviers; on y rencontre aussi un arbre de moyenne grosseur, assez semblable par son bois et son feuillage à l'aubépine de nos contrées. Ame qui vive ne sort de la ville; aucune fumée, aucun bruit, on la dirait abandonnée; à cet aspect on éprouve un sentiment de tristesse et un serrement de cœur difficiles à décrire.

De nos jours, comme au temps de Jérémie, on peut encore lui adresser ces paroles :

« Jérusalem si peuplée est assise solitaire, elle a grièvement péché, et le Seigneur a couvert de sa colère la fille de Sion, comme d'une nuée. » Dans le mur de la ville donnant sur la vallée de Josaphat, on reconnaît une porte murée; c'est la Porte Dorée, celle par où le Christ, monté sur un âne, entra dans Jérusalem le jour des Rameaux. Un préjugé des musulmans leur fait croire que c'est par cette porte qu'entreront les ennemis qui doivent consommer leur ruine.

Nous suivons encore quelque temps un chemin sinueux et difficile; au moment d'atteindre le sommet de la montagne, nous rencontrons une petite construction de forme octogone, ayant l'apparence d'une mosquée : c'est la chapelle de l'Ascension. Les moines arméniens qui la desservent nous y introduisent (après nous avoir préalablement fait ôter nos chaussures), ils nous y font voir une pierre blanche, espèce de roche, entourée d'un cadre de marbre blanc. S'il faut en croire la tradition, nous disent les moines, c'est sur cette pierre que posaient les pieds du Christ lorsqu'il monta au ciel.

Soit calcul, soit tout autre motif que je délaisse et pardonne, ces religieux ne nous laissèrent sortir de la chapelle qu'après nous avoir parfumés d'eau de rose ; ils poussèrent même la gracieuseté jusqu'à nous inviter à visiter leur demeure attenante à la chapelle ; nous acceptâmes d'autant plus volontiers que nous étions harassés de la chaleur. Sur leurs instances nous dûmes aussi nous rafraîchir ; ils avaient une eau fraîche et bonne, qui nous fit le plus grand bien.

De l'une des fenêtres de leur habitation on domine la vallée de Josaphat ; elle est à nos pieds et s'étend du nord au sud entre la montagne des Oliviers et le mont Moriah.

« J'assemblerai toutes les nations, et je les

ferai descendre dans la vallée de Josaphat, et là j'entrerai en jugement avec elles[1]. »

Jérusalem est assise sur le Moriah, dont la surface presque plane s'infléchit légèrement dans son milieu, de l'ouest au sud-est. Ici se présente un magnifique panorama : le parvis du Temple de Salomon, les coupoles du Saint-Sépulcre, le château de Sion, celui de David, les minarets des mosquées. Les palmiers qui se balancent nonchalamment contrastent par leur verdure avec la blancheur des habitations.

Les riches ornements qui décorent extérieurement d'une manière si brillante la partie supérieure de la mosquée d'Omar, sur laquelle se projette la vive clarté du soleil, complètent le tableau, dont l'ensemble est d'un effet admirable. La vallée elle-même, malgré sa nudité et sa tristesse, n'est pas sans charmes.

L'esprit du spectateur s'élève à des hautes pensées à l'aspect de ces lieux, dont l'homme n'a altéré ni l'aspect ni la forme. Que de méditations et que de souvenirs s'y rattachent! tout ici parle à l'âme. Là a vécu le divin Sau-

1. Bible, Joël, chap. III, verset 2.

veur, là il est venu se reposer; ces sentiers il les a parcourus, ces chemins ont été témoins de son entrée à Jérusalem, c'est sur ces pentes que se portait la multitude qui le suivait en chantant :

Béni soit le roi qui vient au nom du Seigneur, paix soit dans le ciel, et gloire dans les cieux les plus hauts[1].

Pourquoi ces lieux sont-ils vénérables aux yeux de tous les peuples? C'est qu'il faut une religion; c'est que la nôtre, accessible à tous, est une des plus pures et des plus morales, et qu'elle est pleine d'affinités vers Dieu. Est-il en effet rien au-dessus de ce précepte sublime : « Aimez Dieu par-dessus toutes choses, et votre prochain comme vous-même. »

Un tombeau de santon a été édifié au haut du mont des Oliviers; la terre fraîchement remuée à l'entour indique qu'on y a enterré depuis peu; en soulevant quelques pierres, nous trouvons dee scorpions.

La mer Morte et ses eaux bleuâtres nous apparaissent; elle est bordée à l'est par la

1. Bible, chap. XIX, verset 38.

longue chaîne des monts Moab, dont les versants, tourmentés par l'action des volcans, sont rougeâtres et dénudés; à leur surface règne une vapeur légère et transparente, d'un blanc mat.

La chaleur étant excessive, nous regagnons la vallée de Josaphat, et nous descendons lentement par un sentier plus direct et plus à l'est de la ville. Au tiers de la descente, nous apercevons une enceinte murée, qu'on nous désigne comme le lieu où le Christ entouré de ses apôtres venait prier, et où fut composé le premier symbole de notre croyance. Plus bas nous traversons le cimetière juif; il s'étend jusqu'au fond de la vallée, il est semé de pierres tumulaires d'une grande simplicité, sur lesquelles on lit, en hébreu, le nom et l'âge du défunt.

Beaucoup de Juifs, quand ils arrivent au terme de leur carrière, tournent leurs regards vers la Judée, et viennent, disent-ils, attendre le Messie. Le Juif est tenace et persévérant; à certain jour de l'année il vient pleurer près d'un pan de mur, qu'il considère comme un débris du célèbre temple détruit par Titus.

La vallée possède aussi les tombeaux des anciens rois Absalon, Josaphat et Zacharie, taillés dans le roc; ceux d'Absalon et de Zacharie sont isolés : le premier est surmonté d'une pyramide, le second d'une coupole terminée en pointe.

« Or Absalon avait pris pendant sa vie une « statue et se l'était fait dresser dans la vallée « du roi ; car il disait : Je n'ai point de fils pour « laisser la mémoire de mon nom [1]. »

Suivant la pente naturelle du torrent de Cédron, nous le passons sur un pont d'une seule arche. La fontaine de la Vierge et celle de Siloé sont situées au pied du mont Sion; l'eau en est excellente, et d'autant plus précieuse que Jérusalem n'est alimentée que par de l'eau de citerne. La fontaine de Siloé rappelle la guérison d'un aveugle par le Christ :

« Or il lui dit : Va et te lave au réservoir de « Siloé. Il y alla donc et se lava, et il en revint « voyant clair [2]. »

Un peu au-dessous, nous pénétrons dans un jardin arrosé par cette fontaine; on le désigne sous le nom de Jardin des Rois. C'est le seul

1. Bible, Samuel, chap. XVIII, verset 18.
2. Saint Jean, chap. IX, verset 7.

que nous ayons vu jusqu'ici autour de Jérusalem. Planté de figuiers et de grenadiers, son aspect ne répond nullement à la pompe de son nom. Les eaux de la fontaine finissent par se perdre, on n'en voit plus trace au dehors.

Laissant à droite le mur extérieur de la ville, nous gravissons les pentes du mont Sion. Le mont Sion, à l'est du Moriah, fait suite au plateau, sur lequel Jérusalem est assise; de son sommet le regard plonge au midi dans la vallée de Ben-Hinnon, et au-delà sur l'Aceldama, ce champ acquis d'un potier au prix du sang. A l'est est le mont du Scandale, au revers duquel est bâti le village de Siloan ou Siloé. David avait élevé son palais et son tombeau sur le mont Sion; c'était le lieu de ses inspirations et de ses délices, car en parlant de ce mont, il s'exprime en ces termes :

« Le plus beau lieu du pays, la joie de toute « la terre, c'est la montagne de Sion, au fond « du septentrion; c'est la ville du grand roi[1]. »

La position de la ville est bien indiquée, il ne reste plus pierre sur pierre du palais; quant au

1. Psaume XLVIII, verset 3.

tombeau, c'est une construction de peu d'importance, surmontée d'une coupole. Nous n'avons pu voir le sépulcre du grand roi, poëte sublime et si touchant; les musulmans en font mystère. Peut-être n'a-t-il jamais existé. En ce même endroit nous visitons le Cénacle, la plus ancienne église du catholicisme, où le Christ institua le sacrement d'Eucharistie. C'est une pièce assez vaste, dont la voûte, soutenue par des colonnes engagées dans les murs, dénote une haute antiquité.

Nous étions au terme de notre course. En revenant à Jérusalem, nous longions un couvent arménien, bâti sur l'emplacement de la maison de Caïphe, entouré de hautes et épaisses murailles; on y pénètre par une porte basse et étroite doublée en fer.

Nous étions alors près du cimetière franc. Attirés par des inscriptions en langue européenne, nous y entrons. Hélas! l'un de nous ne se doutait guère en ce moment que sa place y était marquée, et qu'un préjugé fanatique viendrait la lui disputer. Nous rentrons à Jérusalem à quatre heures de l'après-midi, par la porte de David. Nous avions fait tout ce pèlerinage à pied.

A peine étions-nous rentrés à la Casanova, que le Révérendissime du couvent latin nous fait prier d'aller le voir; nous déférons avec empressement à son invitation, il nous attendait sur une terrasse où il avait fait disposer une séparation, qui nous permettait de nous voir et de converser ensemble sans le moindre contact.

Reclus, et ne pouvant juger par lui-même d'un mal que l'esprit public exagère toujours, il nous demande ce que nous avons pu savoir concernant la peste, pendant la journée.

Les nouvelles que nous lui en donnons n'étaient pas de nature à calmer ses appréhensions, ni à le rassurer; nous le laissons fort inquiet. Toutefois, il se met gracieusement à notre disposition pour la visite du Saint-Sépulcre, toutes les fois que nous le désirerons, se chargeant d'en obtenir l'entrée des musulmans.

Nous étions dans un foyer empesté, et avions besoin de respirer un bon air. Sortis de Jérusalem vers le soir avec M. de la V..., à peine avions-nous passé la vallée de Gehenna que nous nous aperçûmes que le soleil, encore assez élevé à notre sortie de la ville, allait disparaître.

On ne connaît ici ni crépuscule ni aurore;

le soleil levant surgit tout à coup et disparaît subitement à son coucher. Nous revenons en toute hâte sur nos pas; il est trop tard : les portes de la ville sont closes, l'usage étant de les fermer au coucher du soleil, ce que nous ignorions. Nons frappons, on refuse de nous ouvrir. Alors, côtoyant rapidement le mur d'enceinte, nous nous dirigeons sans perdre de temps vers la porte de David; le même sort nous y attend.

Coucher dehors sans armes ni abri, ayant tout à craindre des Arabes rôdeurs et des bêtes féroces, nous allons demander l'hospitalité au couvent arménien, près duquel nous étions passés dans la journée. Après avoir expliqué par signes notre mésaventure, faute de pouvoir nous faire comprendre autrement, on consent à nous y recevoir; c'était l'heure de la prière. On nous introduit dans une cour peu spacieuse où s'élèvent un magnifique calvaire, des tombeaux en marbre de patriarches arméniens et une chapelle richement décorée. La pierre qui fermait le sépulcre du Christ en recouvre l'autel dans son entier; quantité de lampes y brûlent nuit et jour, ainsi que sur les tombeaux. Les moines nous font oublier par leurs prévenances l'incident qui nous a conduits chez eux. L'un des moines nous introduit dans une cellule où l'on avait peine à tenir debout : deux nattes, dont l'état d'usure et de malpropreté attestait les pieux services, en étaient les seuls meubles; il nous y apporta une cruche d'eau, quatre petits morceaux de pain et huit petits morceaux d'un fromage de chèvre extrêmement salé. Ces bons frères, qui ne s'attendaient pas à la venue de deux étrangers, avaient sans nul doute retranché de leur ordinaire le souper qu'ils nous offraient.

Qui m'eût dit, autrefois, que j'aurais soupé et couché chez Caïphe? J'y passai une bien mauvaise nuit.

2 juin. — De grand matin nous prenons congé de nos hôtes, et allons nous laver à la fontaine de Siloé; nous en avions grand besoin. Plusieurs femmes dont la démarche n'était pas dépourvue de charme s'y trouvaient déjà; elles étaient du village de Siloan, et venaient puiser l'eau nécessaire aux besoins de leur ménage.

Montant la vallée de Josaphat, nous arrivons au tombeau de la Vierge; il était ouvert, nous y descendons. C'est une grotte souterraine au fond de laquelle on arrive par un escalier de vingt-cinq ou trente marches, on y dit la messe journellement.

Rentrés à Jérusalem, peu familiarisés encore avec ses rues, nous nous égarons dans une impasse où se trouvait un harem. Bien loin de nous la pensée de chercher à y pénétrer, nous n'ignorions pas ce que coûtent souvent ces actes de témérité. A peine avions-nous reconnu notre erreur et revenions-nous paisiblement sur nos pas, que nous fûmes assaillis et injuriés par des gens sortis de cette maison. La journée commençait mal et ne paraissait pas devoir nous être favorable.

M. O..., resté seul à la Casanova, n'ayant pas ouï parler de nous de toute la nuit, malgré les recherches qu'il avait pu faire, nous croyait perdus. En nous voyant il ne put contenir sa joie, il se précipita dans nos bras, lui dont nous devions être à jamais séparés quelques jours plus tard. Il se mit à nous raconter ses inquiétudes et ses démarches pour nous retrouver; il avait pu obtenir du gouverneur de Jérusalem, par l'intermédiaire du Révérendissime, que l'une des portes fût ouverte; il en était sorti avec

Abdala et le gardien de la Casanova, et n'avait cessé de nous appeler pendant une partie de la nuit; mais, enfermés comme nous l'étions, il nous était bien impossible de l'entendre.

Le Saint-Sépulcre. — L'église qui le contient n'est accessible que du côté de l'orient. A l'exception du parvis, tout l'extérieur est flanqué de constructions diverses du plus mauvais effet. Nous franchissons le parvis, il est dallé; trois à quatre socles à demi brisés subsistent encore; ils ont dû supporter des colonnes. A droite du parvis contigu à l'église, s'élève un bâtiment assez vaste occupé par des religieux arméniens; à gauche on voit une tour assez élevée, d'apparence fort matérielle.

La façade de l'église du Saint-Sépulcre est de style byzantin; deux portes y donnaient accès autrefois; l'une d'elle est murée, mais la décoration et l'encadrement extérieur, commun à chacune de ces portes, subsistent encore; ils se composent de trois petites colonnes d'un marbre blanc veiné de vert, reliées entre elles et engagées dans la muraille. Au-dessus de cette décoration, on voit une frise représentant l'entrée du Christ à Jérusalem. Deux coupoles couronnent le sommet de l'église du Saint-Sépulcre : l'une recouverte en plomb, c'est la plus considérable; l'autre dont la charpente est en bois, couverte d'un ciment d'une extrême dureté.

L'église est constamment fermée; la porte par laquelle on y entre est percée d'un guichet placé à environ trois pieds du sol; il permet aux religieux enfermés au Saint-Sépulcre de communiquer avec le dehors et de recevoir des aliments; car à chaque fois qu'on y entre, les musulmans, qui en ont les clefs et tiennent les portes fermées, exigent un droit; pour s'y soustraire, les religieux chargés d'entretenir les lumières qui y brûlent constamment, s'y enferment et doivent y rester trois mois sans en sortir, ce qui ne laisse pas d'être très-pénible, eu égard au mauvais air qu'on y respire.

Les musulmans, prévenus de notre arrivée, nous ouvrent la porte et la referment aussitôt sur nous. Une fois entrés, nous nous arrêtons : ici les impressions deviennent personnelles. Je ne parlerai que des miennes. Ces lieux retracent à mon esprit de mystérieux souvenirs : toutes mes pensées se reportent au grand sacrifice qui s'y est accompli, car c'est là le point de départ du christianisme, religion divine et céleste, mère de la civilisation.

En avançant de quelques pas, nous voyons à gauche des musulmans assis sur des nattes; ils prennent le café et fument le chibouc; leur fonction est de recevoir le droit d'entrée.

Un peu plus loin, à droite, une table de marbre, élevée à un pied du sol, recouvre la pierre sur laquelle le Christ fut déposé à sa descente de croix pour y être lavé et embaumé. Selon l'usage du temps, elle est entourée de candélabres. On la désigne sous le nom de *Pierre de l'onction*.

Obliquant à gauche, nous arrivons à une vaste rotonde surmontée d'une coupole, soutenue dans son pourtour par dix-huit piliers carrés, n'ayant d'autres décorations que des peintures qui simulent les chapiteaux : ils supportent en même temps deux galeries circulaires sur lesquelles donne le logement des religieux.

Le tombeau de Notre-Seigneur, entièrement isolé, occupe le milieu de cette rotonde; il est recouvert d'un petit monument de forme allongée surmonté d'un dôme. L'entrée est décorée de quatre colonnes torses, le tout en pierre rougeâtre dont le poli imite celui du marbre.

L'enceinte de ce petit monument est divisée en deux parties qui communiquent; nous pénétrons dans la première. Il n'y peut tenir que cinq ou six personnes, au plus. Le milieu est occupé par une pierre d'un pied carré, haute de deux; c'est sur cette pierre, dit la tradition, que s'est assis l'ange en annonçant à Marie que le Christ était ressuscité :

« *Non est hic. Resurrexit.* »

Nous entrons dans la seconde partie, en passant par une porte basse et cintrée, fermée par un rideau, de même grandeur que la première. Le tombeau du Christ se trouve à droite; il est recouvert d'une simple table de marbre blanc; nous remarquâmes qu'elle était rompue par le travers; quatre-vingts ou cent lampes y brûlent nuit et jour; des ouvertures pratiquées au sommet donnent issue à la chaleur et renouvellent l'air.

La chapelle des Grecs schismatiques, décorée avec beaucoup de luxe, occupe le chœur de l'église; elle n'est séparée de la coupole que par une légère cloison en bois, dans laquelle on a pratiqué la porte d'entrée. Cette cloison est couverte de peintures représentant les principaux patriarches grecs. A l'entrée de cette chapelle, on nous fait remarquer la place qu'occupaient les tombeaux de Godefroy de Bouillon et de Baudouin; il n'en reste plus trace aujourd'hui.

L'église est fort irrégulière dans ses dispositions (voir le plan à la fin de la table). Les diverses communions chrétiennes représentées à Jérusalem ont (chacune dans son enceinte) des chapelles qui leur sont propres; quelques-unes occupent dans la nef circulaire les lieux sanctifiés par la passion de Notre-Seigneur.

Je les décrirai à mesure qu'ils me seront indiqués.

Laissant à droite la chapelle des Grecs, nous dirigeant vers le nord, dans l'angle décrit par un des côtés gauches de l'église, nous nous trouvons après quelques pas à la nef circulaire. Nous voyons premièrement la chapelle désignée sous le nom de l'Apparition; elle appartient aux Latins; nous voyons, un peu plus à droite, le lieu où Jésus apparut à Madeleine sous la figure d'un jardinier.

« Jésus lui dit : Ne me touche point, car je « ne suis pas encore monté vers mon Père, « mais va vers mes frères, et dis-leur que je « monte vers mon Père, votre Père, et vers mon « Dieu, votre Dieu[1]. »

En contournant la nef, nous rencontrons à gauche la colonne à laquelle le Christ fut attaché et flagellé; puis le lieu où il fut enfermé pendant les apprêts du crucifiement; enfin, derrière le chœur, celui où, dépouillé de ses vêtements, il les vit partager entre les soldats.

Nous descendons dans une excavation de plusieurs mètres de profondeur où, d'après les traditions, fut trouvée la vraie croix; il y existe une chapelle. Après en être remontés, nous voyons la pierre sur laquelle Jésus était assis lorsqu'il fut couronné d'épines et cruellement raillé par les soldats qui l'avaient dépouillé.

A l'extrémité orientale et extérieure de la nef, par un escalier d'une vingtaine de marches, nous montons au mont Golgotha, où fut élevé le Calvaire; il se rattache à l'église par une construction qui vient s'y appuyer. Au sommet,

1. Saint Jean, chap. xx, verset 17.

il existe deux chapelles : l'une, pavée en mosaïque dont le dessin représente une croix, occupe le lieu où le Christ fut immolé ; l'autre, séparée de la première par une arcade, consacre la place où la croix fut dressée ; le trou dans lequel elle a été plantée est recouvert d'une plaque (en vermeil), perforée dans le milieu ; on peut ainsi voir la roche dans laquelle la croix fut fixée.

A la descente du Golgotha nous nous retrouvons à la porte par laquelle nous étions entrés dans l'église du Saint-Sépulcre. Nous venions de visiter les différents endroits illustrés par la passion de Notre-Seigneur Jésus-Christ ; il nous restait à voir le tombeau de Joseph d'Arimathie, à l'ouest de la coupole : il se borne à une ouverture dans le sol de peu de profondeur. Pendant tout le temps que nous sommes restés dans l'église, nous n'avons cessé d'entendre des chants grecs ou latins ; à chaque instant du jour on y récite des prières et l'encens brûle sans cesse sur les autels.

3 juin. — Sorti à pied de Jérusalem à l'ouverture des portes, j'en ai fait le tour en une heure un quart. La ville est bornée à l'orient par la vallée de Josaphat, au sud par celle de Ben-Hinnon, à l'ouest par celle de Gehenna et le sol accidenté du Gihon, au nord par la plaine de Jérémie. Elle est entourée de murailles en fort bon état, crénelées et flanquées de tours rapprochées, qui suivent dans leur construction les mouvements du sol. Jérusalem a six portes. Voici leurs noms et leur situation respective :

1° A l'orient, la porte Saint-Étienne; elle donne sur la vallée de Josaphat; dans la Bible, elle est désignée sous le nom de porte des Brebis;

2° Au nord, la porte d'Hérode ou d'Éphraïm;

3° Au nord-ouest, la porte de Damas;

4° A l'ouest, la porte de Bethléem ou de Jaffa;

5° Au midi, la porte de David donnant sur le mont Sion;

6° Au levant, la porte des Maugrabins, donnant sur le jardin des Rois.

De ces six portes, quatre ont de grandes proportions; celles des Maugrabins et d'Éphraïm sont beaucoup plus petites. Il y avait en outre la porte Dorée, dont j'ai déjà parlé.

Ces portes, d'un beau style ogival, s'appuient

sur des tours à droite et à gauche, et sont surmontées de créneaux assez élégants, des chiffres arabes sont sculptés sur le fronton de chacune d'elles. On attribue leur construction, ainsi que celle des murs, à Soliman, qui les aurait fait rebâtir en 1534.

Les portes qui les ferment sont en bois, elles ont huit pouces d'épaisseur et sont doublées de fer.

Le château de David, ou tour des Pisans, à la droite de la porte de Jaffa, est la seule forteresse que possède Jérusalem ; mal armée, du reste, elle ne serait pas d'un grand secours comme moyen de défense.

Quelques sentiers donnent accès à la ville, ils ne sont fréquentés que par des chameaux, des chevaux et des mulets.

On ne saurait rien voir de plus triste que les alentours de Jérusalem : le sol est aride, on n'aperçoit que très-peu de terrains cultivés et où l'on récolte du blé ; çà et là croissent quelques oliviers, amandiers et figuiers, dont le chétif ombrage abrite à peine les oisifs qui viennent y dormir et fumer le narghilé.

Les musulmans n'ont point de lieu de sépulture déterminé; aussi rencontre-t-on des tombeaux partout.

Aux jours de fête, des familles entières, couchées sur les tombes, y passent de longues heures à prier. Le sentiment de la douleur est commun à tous les peuples, mais les musulmans, par leur vie intérieure et leur peu d'expansion, sont plus disposés que les autres à reporter leur pensée vers les morts; aussi les voit-on visiter souvent les lieux où reposent ceux qui leur furent chers. Quant aux chrétiens, leur cimetière est situé au mont Sion. Leur caractère, malgré l'état d'oppression dans lequel ils vivent, est plus gai que celui des musulmans.

La peste a envahi le village d'Abou-Gosh, où elle y sévit cruellement. On nous engage à prendre des précautions : il faut, nous dit-on, éviter de toucher qui que ce soit, ne marcher dans les rues sur aucun lambeau de vêtements; le pain chaud, les viandes, les substances animales, le coton, les soies, les poils de chat, se chargent facilement de miasmes pestilentiels qu'il faut aussi éviter de toucher.

Le soir, à l'heure où les occupations de la

ville cessent, chacun monte sur sa terrasse pour y respirer le frais, nous passons de longues heures sur la nôtre, d'où l'on découvre distinctement le mont des Oliviers. Sous ce beau ciel, la lune et les étoiles brillent d'un si vif éclat, que la nuit ne répand sur la terre qu'un crépuscule transparent.

4 juin. — Jérusalem. Les habitants paraissent rares; ceux qu'on rencontre sont mornes et silencieux. La population, autant qu'on en puisse juger, ne doit pas dépasser 10,000 âmes (en temps ordinaire). Toutes les femmes, sans distinction de religion, ne sortent que voilées.

Les rues, non pavées, sont petites et étroites; les ordures, foyer pestilentiel, ne sont jamais enlevées; le vent, qui parfois les balaye, répand des miasmes les plus dangereux pour la santé publique.

Beaucoup de maisons sont inhabitées; à quelques-unes il ne reste que des pans de mur. Il faut dire que le genre d'architecture de ces maisons ajoute encore à la tristesse qu'on éprouve en parcourant la ville; hautes d'environ vingt pieds, elles prennent le jour par en haut, leur forme est lourde et carrée, elles n'ont qu'une porte basse et étroite, de rares et petites fenêtres, et sont couvertes de terrasses surmontées d'un petit dôme.

Ces terrasses, faites d'un ciment très-dur, sont entourées d'un petit mur à hauteur d'appui, construit en poterie à jour qui permet la circulation de l'air. L'intérieur de ces habitations est des plus simples.

Les bazars n'offrent point d'intérêt ; ce sont de misérables échoppes accolées les unes aux autres, où les musulmans et d'autres industriels fument et dorment au milieu de leurs marchandises.

Les Juifs de Jérusalem sont pauvres et sans consistance ; ils observent scrupuleusement leur culte et sont charitables entre eux. Mahomet s'exprime ainsi à leur égard : « L'opprobre « amassé sur leur tête les suivra partout ; Dieu a « imprimé sur leur front le sceau de sa colère. La « pauvreté s'est appesantie sur eux, parce qu'ils « ont refusé de croire aux prodiges divins, qu'ils « ont injustement mis à mort les prophètes, et « qu'ils sont rebelles et prévaricateurs [1]. »

1. Coran, chap. III, page 67.

En réalité, Jérusalem n'est plus qu'un amas de décombres et de ruines; on n'y remarque aucun signe de joie ni apparence de bonheur. La colère divine s'est appesantie sur elle. Il ne faut rien moins que les yeux de la foi pour en faire supporter l'aspect.

5 juin. — J'ai fait célébrer aujourd'hui une messe au Saint-Sépulcre à l'intention de mon excellent parent, M. François Morot, curé de Pouilly-sur-Loire. J'y ai assisté avec l'un de mes compagnons de voyage, M. Delav... Après la messe, plusieurs des religieux attachés au service du Saint-Sépulcre sont venus nous inviter à monter à leurs cellules pour y prendre le café; nous avons accepté avec d'autant plus de plaisir que cela paraissait leur être agréable. Le café qu'ils nous ont offert était excellent.

Nous allions nous retirer, lorsque nous vîmes entrer dans l'église M. O..., qui venait nous y rejoindre. Les moines latins, ayant appris qu'il était musicien, s'empressèrent de mettre leur orgue à sa disposition, le priant d'exécuter quelques morceaux de musique religieuse, ce qu'il fit de la meilleure grâce.

Avant de quitter ces bons religieux, je tire de

ma bourse quelques piastres que je désirais leur offrir, en mon nom et à celui de mes compagnons de voyage, en reconnaissance de leur généreux accueil.

Au moment où je les remettais à l'un d'eux, un musulman qui n'avait cessé de nous suivre et d'épier nos mouvements s'en empare tout à coup. Il fallut, pour éviter toute contestation, ouvrir ma bourse une seconde fois, et user de plus de précaution.

Visite au gouverneur de Jérusalem. De sa demeure on aperçoit la mosquée d'Omar. Introduits dans une pièce assez vaste, nous le trouvons accroupi sur le sol; un esclave noir lui rasait la tête pendant que ses effendis, placés à ses côtés, écrivaient sous sa dictée; notre présence ne parut le gêner en aucune façon, car, sans bouger de place pour nous recevoir, il nous invita à nous asseoir auprès de lui, malgré toute notre répugnance, les musulmans ne prenant aucune précaution contre la peste. Toutefois nous accédons à son invitation, nous avions un vif désir de visiter la mosquée d'Omar. Lui seul pouvait nous en donner la permission. Nous la lui demandâmes; voici quelle fut sa réponse : « Je consentirais bien volontiers, « quant à moi, à vous la laisser visiter, mais « les autres musulmans ne le souffriraient pas; « ce serait un motif de trouble et de scandale « que je dois éviter. Je ne puis que vous permettre d'en voir l'enceinte extérieure. » La réponse étant sans réplique, nous acceptâmes.

Omar, successeur de Mahomet, entra à Jérusalem en 638. La mosquée qui porte son nom, édifiée sur l'emplacement du temple de Salomon, est décorée avec tout le prestige de l'art oriental; sa forme est octogone, elle est surmontée d'une lanterne recouverte en dôme, ornée à son sommet d'une flèche portant un croissant doré.

Chateaubriand, fort exact dans son récit, en fait là description suivante : « Les murs sont « revêtus extérieurement de petits carreaux ou « de briques peintes de diverses couleurs; ces « briques sont chargées d'arabesques et de ver« sets du Coran écrits en lettres d'or, les huit « fenêtres de la lanterne sont ornées de vitraux « ronds et coloriés. »

Cette mosquée, entièrement isolée, s'élève sur une plate-forme carrée et dallée, à environ deux pieds du sol; on y entre par douze portiques élégants placés à des distances inégales les uns des autres. Ils se composent de colonnes à jour, portant à leur sommet des arceaux superposés, à l'imitation de l'architecture mauresque; sur le reste de l'espace environnant le parvis règne un un tapis de verdure, où sont répandus çà et là quelques cyprès.

Les musulmans appellent cette mosquée *El-Sakhra* (la roche), nom qui lui vient d'une tradit-on qui affirme qu'il y a dans son enceinte une pierre sur laquelle le patriarche Jacob a reposé sa tête. Un peu en arrière, à l'est, en se rapprochant du mur d'enceinte de la ville, on voit une autre mosquée, de forme oblongue, sans décoration extérieure : elle se nomme El-Aksa.

En venant remercier le gouverneur de sa bienveillance, nous lui faisons part du projet que nous avons d'aller voir la mer Morte et le Jourdain; il s'empresse de faire écrire aux chefs bédouins de ces contrées qu'ils aient à venir s'entendre avec nous sur les moyens de sécurité qu'exige cette excursion.

6 juin. — Nous avons passé la matinée à rechercher les divers campements des Croisés lors du siége et de la prise de Jérusalem ; ils occupaient en grande partie le nord de la ville.

En parcourant ces lieux, on est saisi d'admiration : quel courage et quel désintéressement chez ces preux chevaliers qui, pleins de foi dans la croix, sont venus jusqu'ici la défendre et ont arrosé ce sol de leur sang. L'esprit religieux était alors dans toute sa ferveur.

La grotte de Jérémie, où retentirent de si éloquentes lamentations, et les tombeaux des Rois et des Juges, ne pouvaient échapper à notre curiosité ; aussi au nord de la ville, à près d'un kilomètre, ces tombeaux taillés dans le roc sont assez bien conservés ; on y voit, presque intactes, des sculptures encore fort belles ; les portes qui les fermaient étaient en pierre, ainsi que les gonds sur lesquels ils pivotaient.

Aujourd'hui ces tombeaux, divisés en plusieurs chambres, restent ouverts, Juges et Rois sont en poussière. Leur dernière demeure sert de refuge à des troupeaux de chèvre.

7 juin. — Le grand couvent des Arméniens, situé sur un des points élevés de la ville, à proximité de la porte de David, occupe l'endroit où était situé la maison de Jacques le Majeur.

Vaste et spacieux il pourrait loger au besoin trois ou quatre mille pèlerins; l'église qui en dépend est décorée avec beaucoup de luxe : or, argent, tableaux, mosaïques, pierres précieuses, tout y est prodigué.

La chapelle, dédiée à saint Jacques, est ornée en entier d'incrustations de nacre et d'écaille. La cloche étant interdite aux chrétiens, on y supplée par un tamtam métallique ou par une planche de bois large et amincie, suspendue aux deux extrémités par des cordes et sur laquelle on frappe à coups de maillet; le bruit qui en résulte est un appel à la prière.

Au sortir de ce couvent, nous nous rendons dans la vallée Ben-Hinnon. Les chrétiens ont une prédilection particulière pour ce lieu; ils s'y réunissent et s'y récréent d'ordinaire le dimanche au moyen de balançoires qu'ils suspendent aux branches d'olivier; de loin on entend leurs cris répétés par les échos d'alentour.

Au sortir de la vallée, nous gravissons le mont des Offenses ou du Scandale. Le village de Siloan est situé sur ses pentes; les habitants, quoique hostiles, nous laissent pénétrer dans leurs demeures; ce sont de véritables huttes creusées dans le roc. Tout porte à croire que ce lieu, habité aujourd'hui par des vivants, est une ancienne nécropole.

De retour à Jérusalem, nous trouvons plusieurs Bédouins qui nous y attendent; ils nous sont envoyés de Jéricho pour nous accompagner dans notre excursion au Jourdain et à la mer Morte; nous réglons avec eux les conditions du voyage, et convenons de partir dès demain.

8 juin. — Cinq heures du matin. Nous nous mettons en route; malgré les aspérités d'un chemin raboteux et difficile, nos chevaux piaffent et trépignent d'impatience, nous avons peine à les contenir. Nous passons Béthanie sans nous y arrêter; ce village me rappelle les paroles de Marthe venant au-devant du Christ en lui disant :

« Seigneur, si vous aviez été ici, mon frère « ne serait pas mort. »

La contrée, triste et déserte, est semée de collines rocailleuses, qui n'offrent aucune traces de culture. Les rayons du soleil nous accablent.

Deux heures. Jéricho, dont les murs s'écroulèrent aux cris poussés par la multitude, et au bruit des trompettes dont sonnaient les prêtres, n'est plus aujourd'hui qu'une mauvaise bourgade, composée de cabanes et de quelques maisons, pour la plupart en ruine.

« Le peuple donc poussa des cris de joie, et « on sonna des cors; or quand le peuple eut « ouï le son des cors et jeté un grand cri de « joie, la muraille tomba d'elle-même; ainsi le « peuple monta dans la ville, chacun marchant « devant soi, et la prit. »

La campagne devient moins aride: on aperçoit quelques champs cultivés. Arrivés au Jourdain, nous nous y baignons. Le cours de ce fleuve est rapide; des roseaux et autres arbustes croissent et s'inclinent sur ses bords; l'eau, entravée par ces obstacles, s'agite et murmure. Nous couchons au bord du Jourdain; nuit calme et paisible. Quel silence dans ce lieu désert qui rappelle tant de souvenirs!

9 juin. — Debout avant le jour, après avoir mangé un morceau de biscuit détrempé dans l'eau, nous nous dirigeons vers la mer Morte. Le sable mouvant de la grève est chargé de matières salines; les eaux, claires et limpides, sont beaucoup plus salées que celles des autres mers; elles ont un goût saumâtre et détestable qui ne permet pas d'en avaler une goutte.

La chaîne des monts Moab, qui la borne au levant, présente un aspect affreux et désolé. Le soleil, en éclairant ses anfractuosités, en fait ressortir les tons; lorsque la lumière disparaît, c'est une belle solitude.

Nous rencontrons des Bédouins; ils nous saluent et ne cherchent nullement à nous inquiéter.

10 juin. — Partis de bonne heure pour revenir à Jérusalem, après une journée des plus pénibles, pendant laquelle nous nous sommes à peine reposés, nous y rentrons à sept heures du soir pour regagner notre demeure. Nous sommes forcés de ralentir le pas de nos chevaux afin de laisser passer des Juifs marchant à la suite les uns des autres; ce sont des vieillards qui peuvent à peine se traîner, tant ils sont fatigués de leur long voyage. Fidèles aux traditions du judaïsme, ils viennent finir leur vie ici et portent avec eux un bagage en rapport avec leurs habitudes nomades.

11 juin. — Il nous restait à faire un pèlerinage du plus haut intérêt, celui de Bethléem. Sortis de Jérusalem au point du jour, par la porte de Jaffa, nous tournons à gauche, et marchons vers le midi. A mi-chemin nous rencontrons le couvent de Saint-Élie. En face et séparé seulement par le chemin, on nous fait remarquer un puits et un banc ombragé par un olivier. La tradition veut que dans ce lieu se reposait ordinairement le Prophète.

A une lieue de là nous découvrons sur notre droite le tombeau de Rachel, monument carré, surmonté d'un dôme arrondi, assez semblable par sa forme à un tombeau de santon.

J'ouvre ma bible, et je lis dans saint Mathieu, chap. II, v. 17 et 18 :

« Alors s'accomplit ce qui avait été prédit par Jérémie le prophète : « On a ouï dans Rama « des cris, des lamentations, des pleurs et de « grands gémissements, Rachel pleurant ses « enfants, et elle n'a pas voulu être consolée, « parce qu'ils ne sont plus. »

Plus loin, nous voyons éparpillé à mi-côte le village de Rama, dont le sol, légèrement accidenté, ressemble assez à celui de Jérusalem.

Nous dépassons Bethléem, désirant voir premièrement les réservoirs de Salomon ; ces réservoirs, au nombre de trois, et situés à l'entrée d'une vallée, sont alimentés par des sources provenant des montagnes voisines ; je ne les ai pas mesurés, mais je suppose qu'ils doivent avoir chacun près de cent mètres de circonférence. Étagés les uns au-dessous des autres, ils se déversent ainsi jusqu'à un aqueduc souterrain qui conduit les eaux aux diverses mosquées de Jérusalem.

La vallée est verdoyante ; nous la suivons quelque temps, pour remonter ensuite l'un de ses versants ; on reconnaît le cours de l'aqueduc à la fraîcheur qu'il répand sur son passage. Par une légère pente nous arrivons au pied de la montagne de Bethléem ; ses flancs sont plantés d'oliviers, de figuiers et de vignes cultivées à haute tige dont les ceps atteignent une énorme grosseur.

La peste règne aussi à Bethléem ; nous ne l'ignorions ; bon nombre de ses habitants, groupés à ses dehors, accourent à notre rencontre pour nous demander si nous sommes médecins. Akims ! akims ! s'écrient-ils ; ces malheureux réclament avec insistance des secours que nous ne pouvons leur donner. Nous ne parvenons à nous en débarrasser qu'en nous faisant protéger par trois soldats et un garde sanitaire; car ici, comme à Gaza, on a créé une quarantaine qui, manquant de tout, ne peut rendre aucun service; et, chose cruelle dans une telle calamité, le pacha n'en exige pas moins le *miri* (impôt), et ceux qui se refusent à le payer reçoivent plus ou moins de coups de courbache.

Le couvent de la Nativité, attenant à l'église, occupe le sommet de la montagne; de loin il ressemble à un fort. Les couvents de la Terre sainte sont construits de telle sorte qu'ils peuvent résister plusieurs jours aux attaques des pillards qui voudraient les exploiter.

Étant en quarantaine, nous ne pouvons qu'échanger, à travers une grille, quelques paroles avec les moines pour lesquels nous avions une lettre de recommandation du Révérendissime de Jérusalem. Un frère chargé du service extérieur nous accompagnera dans les lieux consacrés.

La nef de l'église de la Nativité est ornée de quatre rangées de douze colonnes en marbre, d'ordre corinthien; des restes de mosaïques assez bien conservés, représentant les divers docteurs de l'Église chrétienne, se voient sur les murs de cet édifice, revêtus en entier d'une charpente en bois, une légère cloison sépare la nef du chœur. Cette partie de l'église renferme trois chapelles; celle du milieu, richement décorée, appartient aux Grecs, les deux autres aux Latins et aux Arméniens. Sous celle du milieu se trouve la crèche; on y descend par un escalier de quinze à vingt marches, c'est une vaste grotte, éclairée par de nombreuses lampes. Une étoile de pierres précieuses, entourée d'un cercle en argent sur lequel est inscrit: *Hic de Virgine Maria, Jesus Christus natus est,* indique la place où le Christ est né, et à quelques pas de là celle où se tenait Marie portant l'enfant Jésus lors de l'adoration des mages, puis enfin la Crèche. Il s'y trouve un autel. Les parois du roc sont revêtues de marbre que cachent des tentures de soie bleu ciel; les parties voûtées se montrent dans leur état naturel.

Bethléem, situé au midi et à trois lieues de Jérusalem, se distingue par un air d'aisance et de propreté qui n'est pas ordinaire dans ces contrées. Sa population, en partie chrétienne, s'élève à environ deux mille âmes; son commerce le plus important est celui des chapelets et autres objets de dévotion qui s'y fabriquent.

Un site admirable lui permet de dominer un vaste horizon; ses pentes vont se perdre dans de magnifiques vallées qui servent aujourd'hui, comme autrefois, de pâturages à de nombreux troupeaux. On y trouve, creusés dans le roc, des abris avec de petites tourelles dont l'effet est assez pittoresque. Les coutumes comme les habitudes sont restées ici ce qu'elles étaient il y a bientôt dix-neuf cents ans.

8. « Or il y avait dans la même contrée des « bergers qui couchaient aux champs, et qui y « gardaient leurs troupeaux, pendant les veilles « de la nuit. »

9. « Et tout à coup un ange du Seigneur se « présente à eux, et la gloire du Seigneur res- « plendit autour d'eux et ils furent saisis d'une « grande peur. »

10. « Alors l'ange leur dit : « N'ayez point « de peur, car je vous annonce une grande joie « pour tout le peuple. »

11. « C'est qu'aujourd'hui, dans la ville de

« David, le Sauveur, qui est le Christ, le Sei-
« gneur, vous est né. »

12. « Et vous le reconnaîtrez à ceci, c'est « que vous trouverez le petit enfant emmail-« lotté et couché dans une crèche[1]. »

Sur l'une des pentes nous voyons une grotte qu'on nous dit être celle où Joseph cacha la vierge Marie et l'enfant Jésus avant de fuir. On lit dans saint Mathieu, chap. XI, v. 13 :

« Lève-toi, prends le petit enfant et sa mère « et t'enfuis en Égypte, car Hérode cherchera « le petit enfant pour le faire mourir. »

A l'orient de cette partie du pays, à une distance d'environ une lieue, on nous fait remarquer un monticule assez élevé auquel on donne le nom de Mont Français. Nous n'avons pu savoir d'où venait cette dénomination.

Six heures du soir. Nous quittons la cité de David pour revenir à Jérusalem.

12 juin. — M. O....., indisposé dès hier soir à notre départ de Bethléem, tombe malade; nos soins étant impuissants pour le secourir, nous faisons venir un médecin de la ville, celui du

1. Saint Luc, chap. XI, verset 8.

couvent Latin étant en quarantaine avec les moines et ne pouvant conséquemment sortir. Il reconnaît que l'état du malade est des plus graves; il a la peste, nous dit-il. Cette cruelle maladie ne laisse point de répit; sous son action le corps dépérit et se décompose avec une rapidité effrayante.

13 juin. — Notre malade, obsédé par des rêves pénibles et incessants, a passé une nuit affreuse; son état est désespéré. Nous avons la douleur de le perdre dans la soirée.

14 juin. — Nous lui faisons rendre les derniers devoirs et donnons l'ordre qu'une pierre sépulcrale portant ses noms soit placée sur sa tombe. Peut-être sera-ce un jour une consolation pour sa famille d'apprendre que, quoique mort dans une contrée éloignée, un modeste tombeau a été élevé à sa mémoire.

Il est difficile dans ces moments pénibles, même à l'esprit le plus indépendant, de se défendre d'un sentiment de tristesse et d'abattement; aussi éprouvons-nous un vif chagrin de nous trouver séparés aussi brusquement d'un homme qui naguère jouissait encore de la meilleure santé. Nos existences s'étaient associées, nous avions bien su apprécier cet homme savant, devenu notre maître et notre ami.

15 juin. — Par suite de cet accident, nous sommes soumis à une quarantaine de plusieurs jours à la Casanova.

16 juin. — La séquestration qui nous est imposée vient encore ajouter à l'ennui et à la peine que nous éprouvons. Nous sommes visités dans notre retraite par une quantité de petits moineaux effrontés qui viennent y chercher leur nourriture.

17 juin. — Hier, j'ai eu la fièvre; aujourd'hui, c'est la dyssenterie. Je n'espère qu'en Dieu : s'il ne me vient en aide, mon compagnon de voyage pourra bien partir seul.

18 juin. — Mon état maladif continue.

19 juin. — Je vais mieux. J'attribue ce changement à de l'eau de citron dont j'ai bu plusieurs verres. La pulpe de tamarin, dont j'avais fait usage, ne m'a été d'aucun secours.

20 juin. — Le mieux continue. Le médecin de la quarantaine est venu nous voir ce matin; nous nous serions bien passés de sa visite, mais il use de son droit. Je ne lui laisse pas ignorer l'impatience que nous éprouvons d'être ici et le désir que nous avons d'en partir.

Le Révérendissime du couvent Latin nous fait demander nos noms et prénoms ; peu après, il nous fait remettre à chacun un brevet de pèlerin. En voici la copie et la traduction :

« In Dei nomine, amen.

« Omnibus, et singulis has præsentes litteras inspecturis, lecturis, vel legi audituris fidem, notumque facimus nos infra scripti custos terræ sanctæ, dominum Joannem-Baptistam Morot, Parisiensem, in suo itinere Jerusalem pervenisse... die mai 1839. Inde subsequentibus diebus præcipua sanctuaria, in quibus mundi Salvator suum populum dilectum, imo et totius humani generis massam damnatam, a miserabili dæmonum potestate misericorditer salvavit; utpote Calvarium, ubi crucis affixus, devicta morte, cœli januas nobis aperuit; sepulchrum, ubi sacrosanctum ejus corpus reconditum triduo ante suam gloriosissimam resurrectionem quievit, ac tandem ea omnia sacra Palestinæ loca gressibus Domini, ac beatissimæ ejus matris consecrata a religiosis nostris et peregrinis catholicis visitari solita, Pie, ac devote visitasse, missam audivisse in eis.

« In quarum fidem has manu nostra subscriptas, et sigillo officii nostri, munitas expediri mandavimus.

« Datis Jerusalem ex hoc nostro venerabili conventu S. Salvatoris, die junii 1839.

« J. PERPETUUS A. SOLERIO,

« Custos terræ sanctæ.

« De mandato Reverendissimi in Christo patris,

« F. CAMILLUS BARAXIANO,

« Pro-secret. »

Traduction de la pièce ci-dessus :

« Au nom de Dieu, ainsi soit-il.

« A tous et à quiconque en particulier regardera ces présentes lettres, ou en prendra connaissance, ou ajoutera confiance à la lecture qui lui en sera faite, déclarons, nous soussignés, gardiens de la terre sainte, que M. Jean-Baptiste Morot, habitant de Paris, dans son voyage arriva à Jérusalem le ... mai 1839, d'où, pendant les jours suivants, il a visité avec piété et dévotion les principaux sanctuaires dans lesquels le Sauveur du monde délivra miséricordieusement de la puissance misérable des démons son peuple chéri et, bien plus, toute la masse du genre humain qui y était condamnée.

« Il a visité tous les saints lieux tels que le Calvaire, où le Christ, attaché à la croix, triomphant de la mort, nous ouvrit les portes du ciel.

« Le sépulcre où son corps trois fois saint y reposa caché trois jours, avant sa très-glorieuse résurrection, et enfin tous les saints lieux de la Palestine, rendus sacrés par le passage de notre Seigneur et de sa très-bienheureuse mère, lieux visités d'habitude par nos religieux et les pèlerins catholiques.

« Qu'il y a entendu la sainte messe, en attestation de quoi nous avons ordonné qu'on lui remît ces lettres signées de notre main, et munies du sceau de notre secrétaire.

« Données à Jérusalem dans notre vénérable couvent de Saint-Sauveur, juin 1839.

« Perpétue A. Solerio,

« Gardien de la terre sainte.

« Par mandement de notre révérend père en Jésus-Christ.

« F. Camillus A. Baraxiano,

« Pro-secrétaire. »

Notre drogman n'a pas troublé la quiétude habituelle de la Casanova : logé dans une chambre basse et obscure, il y est resté dans un état presque complet d'immobilité, mangeant peu, buvant de l'eau, fumant et dormant beaucoup : tel a été son passe-temps ; s'il lui est arrivé de se bouger, c'est la nécessité qui l'y a contraint. Rien de plus indifférent ni de plus apathique que cet homme ; il reste impassible et indifférent à tout ce que nous éprouvons.

La quarantaine, dans laquelle il a été compris, ne lui fait rien : « Cela m'est égal, dit-il ; je me trouve bien ici, j'y resterai tant qu'on voudra. »

21 juin. — Huit heures du matin. En libre pratique. Le premier usage que nous faisons de notre liberté est de nous occuper de notre départ ; nous traitons avec des muletiers pour nous faire conduire à Nazareth.

Nous ne voulons pas quitter Jérusalem sans visiter encore une fois (c'est sans doute la dernière) les lieux consacrés par la Passion de Notre-Seigneur.

Nous adressons ensuite nos adieux et nos remercîments aux moines de Terre-Sainte.

Je transcris ici la lettre que nous leur faisons parvenir :

« Arrivés à Jérusalem (mai 1839), nous avons été accueillis au couvent des révérends pères du Saint-Sépulcre, qui nous ont offert une généreuse hospitalité, et nous ont prodigué les soins les plus affectueux.

« Nous quittons ces saints lieux, pénétrés de reconnaissance et d'admiration pour la vertu de ces hommes qui se sacrifient pour la défense d'une sainte cause et se résignent à vivre au milieu de tribulations de toute espèce.

« Nous regrettons que l'isolement absolu auquel ils sont réduits, par suite du fléau qui ravage cette malheureuse terre, et vient encore ajouter à leurs autres souffrances, ne nous ait pas permis de les voir plus souvent.

« Qu'ils reçoivent ici l'expression de notre reconnaissance ; nous emporterons dans notre pays un éternel souvenir du père M....., qui, dans le malheur que nous avons éprouvé, a été pour nous un consolateur et un père. »

22 juin. — Cinq heures du matin. Les muletiers arrivent avec le capo qui nous a mis en rapport avec eux. Ils sortent nos effets de la

Casanova et se mettent en devoir de les charger; déjà une partie de nos bagages sont attachés sur le dos de leurs mulets, lorsque tout à coup, suspendant l'opération, ils exigent un prix plus élevé que celui dont nous sommes convenus. Nous refusons d'y consentir; ils déchargent aussitôt nos effets, les laissent dans la rue et s'en vont.

Nous étions à leur merci; les moyens de transport étant rares ici, pour eux c'était une question d'argent, pour nous une question de vie. Nous les faisons rappeler et accédons à ce qu'ils désirent. Au lieu de sept mulets que nous leur avons loués, il en faut neuf, disent-ils. Soit, mais partons. Qui veut la fin, veut les moyens.

Le chargement terminé, prêt à monter sur mon mulet, je remplis d'eau ma bouteille de cuir et l'accroche au pommeau de ma selle. Le capo, qui sans doute avait soif, la décroche pour y boire. Je m'en aperçois : encore irrité des tracasseries qu'il nous avait suscitées avec nos muletiers, je ne puis supporter cet acte d'effronterie. Je lui arrache la bouteille des mains et le renverse dans la poussière; un de ses acolytes vient à son aide; il subit le même traitement.

C'était à vrai dire une singulière *bonne main.* Je suis sûr que jamais il n'en avait reçu de pareille. Aussi, après une pareille scène, nous attendions-nous à quelque nouvelle avanie; il n'en fut rien heureusement.

CHAPITRE DIXIÈME.

NAPLOUSE, SAMARIE, ESDRAELON, LETHABOR, NAZARETH, LE MONT CARMEL, SAINT JEAN D'ACRE.

Dieu seul est grand. Humiliez-vous et adorez-le.

Nous quittons Jérusalem à neuf heures du matin pour prendre la route de Damas. Après avoir cheminé pendant quelque temps, au moment de perdre de vue la ville sainte, nous nous retournons pour lui adresser un dernier adieu.

Adieu aussi au cher compagnon de voyage que nous y laissons, puisse-t-il y reposer paisiblement ; que notre adieu monte jusqu'au ciel et lui exprime nos profonds regrets. Adieu pour toujours.

On ne pourrait donner le nom de route à la voie que nous suivons; c'est un sentier où jamais voiture n'a passé. Le pays dans lequel nous entrons est ondulé, pierreux, stérile. Le soleil y est pénétrant, la terre en feu, quelques troupeaux de chèvres dévorées par la soif accourent et se précipitent sur les parois humides de rochers taillés à pic, pour y lécher quelques gouttes d'eau qui en suintent; on ne voit, on n'entend aucun oiseau; la chaleur les rend muets.

Je ne suis pas encore complétement remis de mon indisposition; par moments mes forces me trahissent, mon courage m'abandonne, mon mulet en profite pour me mener à son gré; exaspéré par les mouches qui le dévorent, il court devant lui et m'entraîne au loin.

Trois heures. Nous arrêtons pour prendre notre repas. Quatre heures. Nous poursuivons notre voyage. Où sont les habitants? Nous n'en voyons aucun. Sans quelques perdrix grises, cigognes, lièvres, gazelles et hyènes qui se lèvent et fuient à notre approche, nous nous croirions encore au désert.

Nos muletiers nous ont fait espérer un puits

où nous pourrons nous rafraîchir, nous le cherchons vainement une partie de la soirée; de guerre lasse, nous passons la nuit à la belle étoile, non loin du village d'Oara, le seul que nous ayons rencontré depuis notre départ de Jérusalem. Les nuits passées en plein air n'ont rien de désagréable sous un ciel aussi beau, parsemé d'étoiles brillantes.

23 juin. — Au jour, quelques femmes sorties du village pour vaquer à leurs occupations s'étonnent de nous voir à une heure aussi matinale; elles soulèvent discrètement leur voile pour mieux nous regarder, puis le baissent et se détournent pour rentrer chez elles.

Nous partons immédiatement.

La vallée qui s'ouvre devant nous est fertile; on y cultive des céréales et on y voit au pâturage des vaches mêlées à des ânes d'une espèce magnifique.

Neuf heures, au puits de Jacob ou de la Samaritaine. Ce puits est sans doute celui dont parlaient nos Arabes; nous sommes rarement d'accord avec eux sur les distances et les localités.

Ce puits n'est qu'un débris, mais un débris

riche de souvenirs; que de générations ont passé ici! Jacob y a abreuvé ses troupeaux, et le Christ est venu s'y désaltérer. Saint Jean dit au chap. IV, v. 6 : « Jésus donc, étant fatigué du « chemin, s'assit près du puits; c'était environ « la sixième heure du jour.

« 7. Une femme samaritaine étant venue « pour puiser de l'eau, Jésus lui dit : « Donne-« moi à boire. »

« 8. Car ses disciples étaient allés à la ville « pour acheter des vivres.

« 9. Cette femme samaritaine lui répondit : « Comment toi, qui es Juif, me demandes-tu à « boire, à moi qui suis une femme samaritaine, « car les Juifs n'ont pas de communication avec « les Samaritains.

« 10. Jésus répondit et lui dit : « Si tu con-« naissais la grâce que Dieu te fait et qui est « celui qui te dit : « Donne-moi à boire », tu « lui en aurais demandé toi-même, et il t'aurait « donné une eau vive.

« 11. La femme lui dit : « Seigneur, tu n'as « rien pour puiser, et le puits est profond; d'où « aurais-tu donc cette eau vive?

« 12. Es-tu plus grand que Jacob, notre

« père, qui nous a donné ce puits et qui en a
« bu lui-même, aussi bien que ses enfants et
« ses troupeaux.

« 13. Jésus lui répondit : « Quiconque boit
« de cette eau aura encore soif.

« Mais celui qui boira de l'eau que je lui
« donnerai n'aura jamais soif, mais l'eau que
« je lui donnerai deviendra en lui une source
« d'eau qui jaillira jusqu'à la vie éternelle. »

Après y être resté près d'une heure, nous repartons.

Midi. Naplouse, l'ancienne Sichem des Hébreux, entre le mont Ebal et la montagne sainte des Samaritains. Le Garizim : Abraham, Jacob et Josué l'ont habitée.

Bordée au midi par des montagnes boisées, elle s'étend, en suivant leur contour, dans une belle et large vallée; son aspect est des plus agréables; elle le doit non-seulement à sa position, mais à ses minarets, à ses mosquées et à ses terrasses entremêlées de palmiers. Un ruisseau qui fait tourner plusieurs moulins s'y subdivise en plusieurs parties; il serpente à travers ses jardins et les arrose; aussi l'oignon, la ciboule, la pastèque et autres produits maraîchers y croissent à merveille, garantis des chaleurs du jour par l'ombrage des grenadiers, des citronniers, des orangers et des sycomores dont ces jardins sont plantés.

Naplouse est belle à l'extérieur, mais sale et vilaine au dedans. elle ne diffère point en cela des autres villes d'Orient. La peste qui la désole et le mauvais esprit qui y règne ne nous permettant pas d'y séjourner, nous en sortons après avoir suivi pendant près d'une heure le cours de son ruisseau. Nous le quittons pour gravir au couchant les pentes d'une montagne escarpée. Sur le point d'atteindre son sommet, nous rencontrons une belle fontaine ombragée d'un énorme figuier. Ne pouvant trouver un lieu plus favorable pour nous reposer, nous y mettons pied à terre; il était quatre heures du soir. Nous étions peu éloignés d'un village assez considérable, près duquel on voyait un grand espace clos de murs. C'était une léproserie. Les malheureux atteints de la lèpre y vivent retirés sous des huttes, attendant avec résignation le terme de leurs souffrances, contre lesquelles tous les remèdes sont impuissants.

L'horreur qu'inspire cette maladie incurable

et les précautions qu'on prend à l'égard de ceux qui en sont atteints n'ont éprouvé aucun changement depuis l'époque la plus reculée. On lit dans la Bible, au *Lévitique*, chap. XIII, v. 46, au sujet du lépreux : « Pendant tout le « temps que durera cette plaie, il sera souillé, « il demeurera seul et sa demeure sera hors du « camp. »

De jeunes et jolies filles qui marchent pieds nus, le voile relevé, viennent pour puiser de l'eau à la fontaine. A notre aspect, elles se hâtent de baisser leur voile et nous font signe de nous éloigner afin de les laisser librement puiser de l'eau; elles en emplissent de grandes jarres de terre qu'elles emportent gracieusement posées sur leur tête. Un bandeau de pièces de monnaie orne leur front et elles suspendent à leur cou une pièce d'argent de la grandeur d'un écu; elles portent de larges bracelets en argent et des anneaux en verre de couleur à la naissance du mollet.

L'un de nos muletiers, le plus expérimenté sur le chemin que nous avons à suivre, est resté à Naplouse; il devait nous rejoindre au bout d'une heure; en voilà trois d'écoulées, et il n'a pas encore paru; nous partons sans lui. Après une marche longue et pénible, nous campons à dix heures du soir sous les murs de Sébaste, village fondé sur les ruines de l'antique Samarie; nous y sommes en butte aux obsessions des hyènes et des chacals, qui n'ont cessé toute la nuit de rôder autour de notre tente.

24 juin. — Samarie, l'ancienne capitale du royaume d'Israël, prise par Salmanazar, qui en emmena les Juifs en captivité à Babylone; elle n'a laissé aucune trace de son existence. Le village de Sébaste, bâti sur ses ruines, est peu important; on y récolte du blé, des olives, et on y élève des vers à soie.

Nous le quittons à sept heures du matin pour déboucher dans une vaste et magnifique plaine, où nous trouvons installées sous leurs tentes des tribus nomades qui gardent leurs troupeaux. Incertains sur notre chemin, nous allons à elles pour nous renseigner; elles nous apprennent que nous faisons fausse route; un des leurs s'empresse même de nous accompagner et ne nous quitte qu'après nous avoir mis dans le vrai chemin que nous avons à suivre.

Nous rencontrons plus tard une caravane nombreuse allant dans notre direction; nous nous attachons à ses pas et campons avec elle à la fin du jour au pied du village de Gouba.

Les habitants de ce village, du haut de leurs habitations, en nous voyant arriver, suivent avec anxiété tous nos mouvements, et semblent craindre quelque atteinte contre leur propriété. Par un effet de lumière particulier au couchant, ils nous apparaissent de l'endroit où nous sommes comme des statues couronnant le faîte d'un monument. Nous passons la nuit à errer au milieu des tentes, personne n'y dort; les Arabes, groupés en cercle, écoutent avec ravissement des récits plus ou moins merveilleux que leur fait un des leurs.

Les Arabes raffolent des contes, genre de récréation qui s'harmonise avec leurs habitudes inertes et paisibles; ils ont des proverbes auxquels ils attachent un certain prix, quoiqu'ils soient d'une moralité douteuse :

« N'engraisse pas ton chien, disent-ils, il te dévorerait; affame-le, il te suivra. »

Les Turcs disent : « Méfie-toi de celui auquel « tu as fait du bien ; les hommes sont fourbes,

« nul ne connaît le fond de leur pensée.

25 juin. — Au jour, les Arabes font leur prière, chargent leurs chameaux et partent; nous en faisons autant. Ils vont à Damas porter des soies et des cotons. Préoccupés d'idées toutes différentes, nous nous rendons à Nazareth.

La plaine que nous suivons est bordée de montagnes nues et désertes dont l'uniformité n'est rompue que par des mamelons au haut desquels de petits villages sont perchés sur ces forteresses naturelles. Si les habitants n'ont pas eu à lutter contre le despotisme, peut-être ont-ils eu à se défendre contre la rapacité des enfants du désert; c'est là sans doute ce qui a motivé de leur part ces constructions disposées comme des nids d'aigle.

Nous quittons la plaine et entrons dans un défilé, à la suite duquel nous arrivons à Kennené, gros village à l'entrée de la plaine Desdraelon. Il s'y tenait en ce moment un marché; grand nombre d'Arabes montés sur leurs chevaux encombraient les rues; pour un instant, nous nous trouvâmes confondus avec eux. Des palmiers, des orangers, des citronniers, des grenadiers, donnent à ce village un aspect des plus riants et des plus agréables; chaque famille y a son jardin et son champ de tabac.

Nous voici en Galilée. Après une heure de repos dans un kan spacieux où nous trouvons d'excellente eau, nous nous remettons en route. La plaine Desdraelon est immense; elle est bornée en grande partie par des montagnes dont quelques-unes assez élevées; son sol noirâtre est des plus fertiles; la culture en est abandonnée à des Arabes nomades qui y promènent leurs tentes et leurs troupeaux. Les espaces restés incultes sont couverts de plantes parasites, forêt d'herbes qui se perdent faute de troupeaux pour les consommer; leurs débris accumulés forment un humus des plus précieux.

Le muletier que nous avions laissé à Naplouse nous rejoint; ses camarades lui reprochent son absence, il s'ensuit une querelle suivie de coups, à laquelle prend part Abdala, charmé de l'occasion qui se présente de frapper sans danger sur ceux dont il a eu à se plaindre. Les loups ne se mangent pas entre eux, mais ils se battent bien.

Midi. Naïm, célèbre par la résurrection du fils de la veuve par le Christ; quelques gouttes de pluie viennent nous y rafraîchir, c'est la première fois que nous voyons pleuvoir dans ces contrées. A la sortie de ce village, mon mulet s'effraye et me jette bas; pendant que je cherche à sortir du nuage poudreux dans lequel il m'a plongé, il s'échappe. Je parviens difficilement à le ressaisir. Peu disposé à remonter cette bête têtue et rétive, je finis par m'y résigner sous peine de rester ici et d'y demeurer seul.

Nous voyageons en compagnie d'Arabes venant du marché et regagnant leur tribu; tous sont armés; leurs armes se composent de deux pistolets et d'un poignard, attaché sur le devant de la ceinture. En l'absence d'une protection suffisante, chacun porte des armes pour sa défense.

Trois heures du soir. Au pied du Thabor; la cime arrondie et isolée de ce mont s'élève majestueusement dans les airs. Nous distinguons à son sommet une chapelle érigée en l'honneur de la Transfiguration.

« Jésus prit Pierre, Jacques et Jean, son « frère, et les mena sur une montagne à part.

« Et il fut transfiguré en leur présence, son « visage devint resplendissant comme le soleil, « et ses habits devinrent éclatants comme la « lumière [1]. »

Le chemin de Nazareth, que nous prenons, est accidenté et des plus difficiles; il se compose de petits monticules qu'ombragent des bouquets de plantes épineuses qu'il nous faut traverser. A chaque pas, aux environs de Nazareth, des soldats accourent à notre rencontre et nous intiment l'ordre de rétrograder. Toute la Judée et une partie de la Galilée étant envahies par la peste, on vient d'établir un cordon sanitaire de la mer de Thibériade au mont Carmel; nul ne peut le passer sans avoir purgé sa quarantaine. Joyeux de notre capture, ils nous ramènent dans la plaine d'Esdraélon et s'empressent d'informer le directeur de la Quarantaine de notre arrivée. En attendant ses ordres, nous nous mettons à faire du feu pour préparer notre repas; de jeunes pâtres nous viennent en aide en alimentant notre feu avec la fiente de leurs bestiaux. Pour les en récompenser, nous leur

1. Saint Mathieu, chap. XVII, verset 1.

donnons à manger; ils avaient une faim dévorante. Nous allons camper au bord d'un lac, à proximité du petit village de Poulle. A la chute du jour, nous voyons d'innombrables cigognes venant s'y désaltérer et y passer la nuit; à mesure qu'elles arrivent, elles s'alignent et se rapprochent les unes des autres.

Il y vient aussi des nuées de grues, attirées sans nul doute par les mêmes instincts.

26 juin. — La chaleur est foudroyante. Impossible de quitter la tente de la journée; elle fait éclore des myriades d'insectes qui nous dévorent; à peine pouvons-nous nous défendre de grosses mouches vertes dont les piqûres acérées ne cessent que lorsqu'elles ont laissé leur dard dans nos chairs.

Vers le soir, la chaleur devenant supportable, nous sommes allés visiter quelques tribus nomades campées dans la plaine; de loin on dirait des villages : les tentes sont dressées avec assez d'ordre; le tissu noirâtre qui les recouvre est en poil de chameau ou de chèvre; il est solide et présente une grande résistance à l'intempérie des saisons. Ces habitations ambulantes, autour desquelles paissent des troupeaux de moutons et de chèvres et voltigent des pigeons et autres volatiles, appartiennent aux diverses tribus et sont divisées en plusieurs compartiments.

Le logement des femmes est séparé de celui des hommes; il est placé à l'arrière de la tente. Ici comme à la ville, la femme ne cesse d'être voilée; l'obéissance passive est pour elle un devoir; son occupation habituelle est celle du ménage; elle prépare les repas pour n'en manger que les restes, les hommes vivant entre eux et mangeant les premiers.

Le Coran leur a consacré les préceptes suivants (Savary, 1er volume, chap. IV, page 85 : « Les hommes sont supérieurs aux femmes, « parce que Dieu leur a donné la prééminence « sur elles. Les femmes doivent être obéissantes « et taire les secrets de leurs époux. Les maris « qui ont à souffrir de leur désobéissance peu- « vent les punir, les laisser seules dans leur lit « et même les frapper. La soumission des « femmes doit les mettre à l'abri des mauvais « traitements. »

Les tribus ne demeurent dans un endroit qu'autant qu'elles ont de l'eau et des pâturages;

quand les pâturages sont épuisés, on plie les tentes, on les charge sur les chameaux et l'on se rend en un lieu plus favorable.

L'un des chefs de ces tribus nous conduit à sa tente; ses manières sont douces et affables; il nous fait asseoir sur un tapis et nous offre le narghilé et le café.

27 juin. — Le directeur de la Quarantaine, que nous avons désiré voir, se rend à notre invitation; nous nous plaignons amèrement de notre arrestation arbitraire; ayant, lui disons-nous, fait quarantaine à Jérusalem, nous le prions de vouloir bien nous laisser continuer notre route. Non-seulement il n'y consent, mais ayant appris que l'un des nôtres est mort de la peste, il nous fait surveiller de près et ne veut en rien adoucir notre situation. Sa défiance était fondée : nous avions résolu de franchir nuitamment le cordon sanitaire et de fuir avec ce que nous avions de plus précieux.

28 juin. — Nous recevons l'ordre de nous rendre au Carmel pour y faire quarantaine; en faisant nos préparatifs de départ, nous trouvons deux serpents blottis sous nos bagages. Nous ne pensions avoir de tels voisins, ils avaient été bons pour nous, nous le fûmes pour eux.

Six heures du matin. Nous nous mettons en route; des soldats nous accompagnent; ils évitent avec soin de nous toucher, marchent en avant et font détourner les passants; le mieux est de rire de ces précautions absurdes, qui nous rendraient malades si nous avions la faiblesse de nous en affecter. Des femmes du village près duquel nous étions campés en sortent pour nous voir passer; malgré leur voile qu'elles tiennent baissé, il nous est facile de reconnaître qu'elles sont jolies.

La plaine que nous suivons fait suite à celle Desdraélon et n'est pas moins fertile. Un ruisseau bourbeux ombragé de magnifiques lauriers-roses la traverse dans sa partie occidentale. Je crois que c'est le Kishon; en voulant le passer, mon mulet s'y laisse choir et me précipite dans la vase. Je dus pour un instant faire cause commune avec les grenouilles; ce n'est pas sans difficulté que je parviens à sortir de ce bourbier infect. Les soldats qui nous escortaient m'auraient plutôt laissé périr que de m'aider à en sortir, tant ils craignaient de me toucher.

Quatre heures du soir. Nous longeons les

murs de Caïpha, mais il nous est défendu d'y pénétrer. Nos provisions étant épuisées, nous achetons du pain hors la ville ; il est si lourd et si mal fait, qu'il nous est impossible de le manger.

Cinq heures. A la Quarantaine. Elle est établie au pied du mont Carmel, sur le bord de la mer. Une foule de malheureux sont campés entourés de leurs effets, sans tentes ni abri contre les vents et la fraîcheur de la mer. Nous nous récrions vivement contre cette situation défavorable. Le directeur de la Quarantaine, qui ne peut rien y changer, nous dit : « Vous êtes catholiques, montez au couvent du Carmel. Si les religieux veulent vous recevoir, je vous permettrai d'y faire votre quarantaine sous la garde de quatre soldats que vous payerez.

Cette offre, bien que très-onéreuse, nous convenant, nous nous empressons de l'accepter, nous espérions flatter les moines carmélites en les mettant à même d'être utiles à des coreligionnaires ; nous nous étions trompés.

L'arrivée de notre caravane met le couvent en émoi ; nos montures impatientes jettent le trouble et le désordre dans un magnifique troupeau de chèvres qui appartient à la communauté. La porte nous est refusée. Les moines nous font savoir qu'étant en quarantaine, ils ne peuvent nous recevoir, et qu'à ce motif plus que suffisant vient s'en ajouter un autre, celui de la mort de l'un des nôtres, qu'ils n'ignorent pas.

Cet accueil si peu favorable nous est d'autant plus pénible qu'il nous est fait en présence du drapeau français, flottant majestueusement au sommet du couvent.

Nous descendions lentement au bord de la mer, lorsqu'à mi-chemin je fais arrêter la caravane, je retourne seul au couvent et fais mander le frère Jean-Baptiste, celui chez qui nous avions rencontré le plus de résistance. Il nous avait traités un peu comme des boucs émissaires. Le prenant par les sentiments : « Nous ne voulons, lui dis-je, ni entrer dans le couvent ni vous compromettre, mais puisque nous devons rester plusieurs jours ici, veuillez nous accorder une petite place à l'abri des injures du temps, quelle qu'elle soit, nous en serons contents. Il était devenu plus maniable et semblait regretter son emportement, qui seul était blâmable ; car en pénétrant dans le couvent, nous pouvions y porter la peste avec toutes ses conséquences. Il finit par accéder à ma demande et nous accorda une chambre dans un bâtiment délabré, ouvert à tous vents, qui avait servi autrefois de maison de campagne à Abdala, pacha d'Acre. Nous nous y installons avec nos bagages. En parcourant cette masure, nous trouvons deux Anglais qui y faisaient quarantaine, ils devaient en partir le lendemain.

Notre aménagement terminé, nous avions à pourvoir à notre souper ; les apprêts en étaient faciles, il ne nous restait plus rien. Les Anglais, informés de notre détresse, s'empressent d'y remédier en nous envoyant ce dont nous avions besoin. Nous fûmes très-sensibles à cette marque de déférence et d'urbanité.

29 juin. — La quarantaine ordinaire est de neuf jours; pour nous elle sera plus longue, l'accident qui nous est arrivé à Jérusalem nous suit partout. Le directeur de la Quarantaine prétend, pour ce motif, nous retenir ici dix-huit jours. Nous n'obtenons qu'avec beaucoup de peine une réduction de quatre jours. Pendant notre séjour, il nous sera loisible, sous la garde de deux soldats qui ne devront point nous quitter, de nous promener et de chasser dans les montagnes avoisinantes; il nous est bien recommandé de ne pas franchir le cordon sanitaire, ce qui nous exposerait à être fusillés, les ordres les plus sévères étant donnés à cet égard.

Pendant la journée, nous sommes descendus au Lazaret; deux voyageurs venaient d'y mourir de la peste. Parmi les étrangers que nous rencontrons, nous reconnaissons le médecin qui administrait la quarantaine de Jérusalem; il nous apprend que depuis notre départ, bien que récent, la peste s'étant répandue dans toute la Judée, il a dû s'éloigner avec le personnel de son administration.

30 juin. — Le mont Carmel est percé de grottes nombreuses, la plupart sont d'anciennes carrières abandonnées. Je trouvai dans l'une d'elles un ouvrier occupé à extraire des pierres; c'était un homme pieux, originaire de la Lombardie vénitienne, qu'il avait quittée depuis peu; il en portait encore le costume. Voué gratuitement au service du couvent, il se trouvait heureux et s'était résigné à vivre au milieu d ces solitudes et à y finir ses jours. La grotte d saint Élie, la plus grande et la plus spacieuse dénote une haute antiquité.

Descendu au bord de la mer, je contempl avec ravissement cette immensité qui se dérob à ma vue; le mouvement perpétuel et réguli des flots; la marche et le retrait successifs de l vague venant se briser à mes pieds. L'espr s'égare et s'épuise à rechercher la cause de ce merveilles.

1er juillet. — La peste fait de nombreus victimes à la quarantaine. L'huile, dit-o est un préservatif contre cette maladie; à d faut d'un remède réellement efficace, on e assez disposé à se laisser aller aux préjug vulgaires. Nous avons vu plusieurs personn user de ce singulier moyen curatif, mais no n'avons pas appris qu'il ait eu le moindre effe Les bains de mer, dont nous usons fréque ment malgré la crainte de rencontrer d requins, nous sont favorables.

2 juillet. — Journée monotone et ennuyeus chaleur accablante. Nous voyons des lézards autres reptiles d'une agilité surprenante faire la guerre entre eux et courir sur les aspérités des murs tout crevassés de notre demeure. Audacieux, effrontés, ils apparaissent à toutes les fissures, et lorsqu'ils sont fatigués de courir, ils s'étendent nonchalamment sur notre terrasse délabrée pour faire leur sieste.

Un M. Bernard, Grec lévantin, habitant Caïpha, vient nous visiter; il se dit chargé des affaires des Francs dans cette contrée, et, en cette qualité, nous offre ses services.

Beaucoup de Grecs sollicitent cette fonction, qui leur donne quelques menus priviléges chez les gouvernements près desquels ils sont accrédités.

Les soldats commis à notre garde sont d'une sobriété incroyable, ils vont arracher du blé encore vert resté dans la campagne, en enlèvent l'épi, le font griller au feu et mangent le grain. Observateurs fidèles de leur religion, nous les voyons chaque jour faire leurs prières, exemple que nous devrions suivre, nous qui sommes plus civilisés.

3 juillet. — La nuit, nous avons été éveillés par des cris et des détonations d'armes à feu. Des recrues de la tribu d'Abougosh, destinées à l'armée d'Ibrahim, sont arrivées hier soir à la quarantaine. Quelques hommes ayant trompé la vigilance de leurs gardiens, se sont évadés; des soldats courent après eux. Ne pouvant les atteindre, ils leur tirent des coups de fusil et en arrêtent quelques-uns qu'ils ramènent à notre demeure. Leur état est déplorable; vêtus d'une simple chemise, ils sont ensanglantés par une marche forcée à travers les rochers. La vue du sang n'arrête pas la fureur des soldats, car à chaque plainte qu'ils profèrent, ils reçoivent de nouveaux coups; on les enchaîne, puis on leur met les poignets entre deux morceaux de bois échancrés et d'égale longueur qu'on serre fortement avec des cordes, et on les emmène en cet état. Combien doivent souffrir ces petits malheureux contraints de faire de longues marches dans une telle position!

La guerre est un fléau que les peuples devraient supprimer. — Quoi de plus déplorable que ces tueries humaines qui souvent ne profitent qu'à quelques ambitieux, et quelle gloire que celle acquise aux dépens de ses semblables! Le sang d'un peuple ne doit être versé que pour la défense de ses droits et de son honneur.

4 juillet. — Nous recevons la visite de l'un des directeurs de la quarantaine de Gaza; ainsi que ses collègues, il a dû rétrograder jusqu'ici. Ce malheureux, que la peste n'a pas enrichi, est dans un état des plus tristes : il a la fièvre, il est dénué de tout. Nous avons été charmés de pouvoir lui offrir une part de nos modestes provisions.

5 juillet. — Passé une partie de la journée à chasser dans les montagnes du Carmel; couvertes de caroubiers et de plantes odoriférantes, elles servent de retraite à des hyènes, à des panthères, à des gazelles, à des chacals, les aigles et les vautours y planent sans cesse. Le site est admirable : on découvre la mer, belle mer azurée, Castel-Peregrino qui s'avance dans les flots, Caïpha, la plaine et Saint-Jean d'Acre.

Nos soldats sont très-accommodants; ils allégent par des prévenances les ennuis et les tracasseries de la quarantaine. Pendant que nous chassons, ils restent en arrière, dorment ou nous cueillent des plantes dont ils font d'énormes bouquets qu'ils portent au bout de leurs fusils. Rien de curieux comme de les voir rentrer à notre logis chargés de ce butin. A les voir ainsi se prêter à nos volontés, on ne croirait jamais que ce sont nos geôliers; les moines eux-mêmes en sont étonnés.

6 juillet. — Le frère Jean-Baptiste, maintenant plus rassuré à notre égard, nous adresse quelques paroles bienveillantes, du jardin du couvent dont nous sommes séparés par un mur. Aussitôt votre quarantaine finie, nous dit-il, je m'empresserai de vous faire visiter le couvent.

7 juillet. — Il y a dans la vie de ces jours que j'appellerai malheureux, ceux que les anciens marquaient d'une pierre noire. L'âme éprouve alors un malaise, une vague inquiétude, une tristesse qu'on ne saurait définir. Dans ces terribles instants, la pensée se reporte vers la patrie, on aspire à la revoir; rien de plus pénible que ces belles et précieuses journées passées sous un despotisme pareil; nous comptons les jours avec impatience. Mon compagnon de voyage, non moins ennuyé que moi, se console en parcourant notre logement à pas précipités et en fredonnant sans cesse sa chanson favorite sur l'air des lamentations de Jérémie.

La chasse étant notre seule distraction, nous

en usons largement; la nuit nous surprend souvent à des distances éloignées du Carmel. Ces courses longues et aventureuses ont failli nous être funestes; hier soir des Arabes à mine fort suspecte s'étaient embusqués dans un fourré d'où ils sont sortis lorsqu'ils nous ont aperçus; nous ne leur avons échappé qu'en fuyant rapidement.

8 juillet. — Des bêtes fauves se sont ruées sur les troupeaux de la plaine et en ont emporté plusieurs têtes. Les pasteurs n'ont pas ici, comme dans les contrées occidentales, le secours des chiens; ces animaux, par suite d'un préjugé musulman, vivent au milieu des populations dans une entière liberté et sans appartenir à personne.

9 juillet. — L'alarme est au camp des pasteurs; rassemblés de grand matin, le fusil au dos, la lance au poing, ils explorent les revers de la montagne et galopent à travers les accidents d'un sol inégal et difficile, pour rechercher les ravisseurs.

Nos quatorze jours de quarantaine, y compris ceux passés dans la plaine d'Esdraëlon, expirent aujourd'hui. Le directeur se refuse à nous laisser partir, de motif il n'en donne aucun. Nous avons l'heureuse idée d'écrire à M. Bernard, de Caïpha, qui est venu nous offrir ses services. Nous le prions de le voir afin qu'il veuille bien n'apporter aucun retard à notre départ.

10 juillet. — Notre lettre a un plein succès; nous partirons demain si la peste ne nous surprend pas d'ici là, triste alternative. M. Bernard, dont l'obligeance est inépuisable, veut bien se charger de nous procurer des moyens de transport; dès ce soir, il nous fait dire par son janissaire que nous pouvons compter demain sur six chevaux et deux mouckres.

11 juillet. — Cinq heures du matin. Nous recevons la visite du médecin; c'est la première fois que nous le voyons; il porte le costume turc et tient dans ses mains un chapelet, dont il promène les grains avec dextérité.

Il nous fait déshabiller : après nous avoir regardés sans nous toucher, il nous tâte les aines et les aisselles avec un long bâton, puis il s'écrie : « Vous êtes bien portants, allez-vous-en! » Le supérieur du Carmel vient à son tour nous adresser ses félicitations et nous inviter à passer au couvent; nous l'y suivons. Le supérieur, encore jeune, car il a à peine quarante ans, est d'une belle taille et d'un extérieur agréable; il nous conduit d'abord à la chapelle, qui est fort belle.

Je m'y suis agenouillé et j'ai prié au pied de l'autel. L'aumône et la prière fortifient l'âme et plaisent à Dieu.

Le glorifier et l'implorer est la mission de l'homme ici-bas.

Après nous avoir fait visiter l'édifice dans son entier, il nous emmène à sa cellule, où nous attendait une collation. Nous y recevons la visite des moines du couvent, qui demeurent avec nous jusqu'au moment de notre départ.

Le couvent du Carmel, de moderne construction, est construit en pierres très-blanches qui le font distinguer de fort loin. Haut de deux étages, couvert d'une terrasse surmontée d'un dôme élégant, il a la forme d'un quadrilatère régulier. Tout y est spacieux et bien ordonné. Deux issues fermées par des portes en fer donnent accès à l'intérieur; elles occupent le côté principal, celui qui regarde la mer. Il nous tardait de partir.

Neuf heures et demie. Nous descendons avec joie les pentes escarpées du mont Carmel.

Dix heures et demie. Caïpha. Une muraille crénelée protége l'enceinte de cette petite ville, assise au fond d'une anse au bord de la mer. Voulant remercier M. Bernard de son obligeance, nous nous rendons à sa demeure. On nous fait dire qu'il repose et que nous ne pouvons être reçus. Réveillé par le piétinement de nos chevaux, M. Bernard, quoique atteint d'une maladie qui peu de temps après l'a conduit au tombeau, veut se lever pour nous recevoir. Sa jeune sœur, qui lui consacre ses soins, est aussi bienveillante pour nous que son frère; elle nous comble de prévenances et de politesses.

De Caïpha, nous allons à Saint-Jean d'Acre par un sentier qui borde la mer. La lame vient y laver de son écume le pied de nos chevaux. La plage, triste et déserte, est semée de débris de navires naufragés à demi ensablés; toute la côte est sablonneuse, il n'y croît que quelques palmiers rabougris qui servent de refuge à des milans et à des éperviers. A mi-chemin, nous traversons le Kishon; dégagé ici de ses vases, il coule avec rapidité sur une grève douce et unie. C'est sur cette grève et sur les bords de cette rivière que fut découverte par des bergers la fusion des éléments qui servent à la fabrication du verre.

Deux heures. Saint-Jean d'Acre. Nous allons nous abriter de la chaleur sous l'une des longues galeries à arcades d'un ancien édifice. Accroupis sur le sol, nous y prenons notre repas, bien qu'il ne soit guère succulent; il consiste en un morceau de chèvre froid et du biscuit détrempé dans l'eau, nous le mangeons néanmoins avec appétit et le trouvons excellent, nous avions notre liberté.

Acre, l'ancienne Ptolémaïs des Egyptiens, à l'extrémité d'une rade, sur une langue de terre qui s'avance dans la mer, présente un aspect redoutable : du côté de terre elle est entourée d'un double fossé avec rempart. La partie qui borde la mer et s'y baigne est défendue par un mur d'une grande épaisseur soutenant une terrasse sur laquelle on a élevé des batteries; les habitants viennent y respirer la brise du soir et y jouir d'une vue délicieuse. Elle a deux entrées, l'une du côté de terre, l'autre du côté de la mer. Son port, assez mauvais, est comblé en grande partie par les sables et ne peut recevoir que de légères barques.

Les divers siéges que cette ville a eu à soutenir y ont laissé des signes ineffaçables, on n'y voit que ruines et on peut encore y suivre la trace dévastatrice du boulet et ses enfilades à travers les pans de mur renversés et restés jusqu'ici sans réparations. Aujourd'hui encore, tout s'y prépare à la guerre; la population valide est occupée aux travaux des fortifications, on arme tous les points susceptibles d'attaque.

A l'exception d'une mosquée d'assez belle apparence, nous n'y voyons aucun monument. Les bazars n'offrent aucun intérêt; on y respire un air poudreux et méphitique, capable d'asphyxier. Nous y rencontrons nos mouckres, qui s'y régalent de lait aigre et de dattes. Nous y achetons nous-mêmes de petits abricots de la grosseur d'une noix, qui sont excellents.

Sortis de la ville, nous visitons les lieux où campèrent nos soldats lors du siége de cette place (du 20 mars au 20 mai 1799), et ceux d'où ils tentèrent vainement d'y faire brèche pour y pénétrer : vaillants efforts qui ne furent pas couronnés de succès et où se dépensèrent sans résultat une bravoure et un courage héroïques. Combien Napoléon dut souffrir de cette résistance, à laquelle il était si peu habitué !

CHAPITRE ONZIÈME.

TYR, SAIDA, BAÏROUT, MONT LIBAN, ANTOURA, TRIPOLI.

Toute religion fondée sur la morale
et la charité a droit à notre respect.

Partis d'Acre vers le soir, nous cheminons assez longtemps dans une plaine des plus fertiles, fermée de tous côtés par les différentes branches de l'Anti-Liban, elle est arrosée par les eaux qui en viennent; il y croît en abondance du coton, du tabac et des pastèques. Les palmiers deviennent rares, ces arbres tendent à disparaître à mesure qu'on avance vers le nord.

Campés à dix heures dans un endroit délicieux, El-Mezzera, un ruisseau dont les eaux murmurent, nous rafraîchissent agréablement; elles coulent à travers des bosquets de grenadiers, d'orangers et de citronniers.

La Galilée, que nous allons quitter, est bien préférable à la Judée, elle est plus fertile et d'un aspect plus riant.

12 juillet. — Six heures du matin. Nous disons adieu à notre charmante oasis. La marche de notre caravane met en éveil de nombreux chacals, qui fuient à notre approche et se dérobent dans les broussailles du mont Liban. Nos visages sont boursouflés par la chaleur, la peau qui s'en détache nous occasionne une telle sensibilité, qu'à peine pouvons-nous remuer; immobiles et silencieux, nous obéissons à l'allure de nos chevaux.

La plaine que nous avons suivie jusqu'ici est interrompue par un des contre-forts du mont Liban, que nous avons à franchir : c'est le cap Blanc, masse de rochers qui s'avancent dans la mer et forment par leur irrégularité de nombreux précipices dans lesquels les eaux viennent s'engouffrer avec fracas. Pendant près de deux heures, nous défilons à la suite les uns des autres par un chemin étroit et difficile, serpentant tantôt sur le revers, tantôt sur la crête des rochers, véritable casse-cou où le moindre faux pas peut vous lancer dans l'éternité. A travers les interstices de ce sol accidenté croissent de chétifs caroubiers qui rampent vers le sol, et des herbacées que viennent brouter des chèvres intrépides. Au point culminant de ce passage, nous découvrons la plaine de Tyr, l'ancienne Phénicie.

Deux heures du soir, aux puits de Salomon. Les sources, au nombre de trois, donnent prodigieusement d'eau; contenue d'abord à sa sortie dans des réservoirs d'une grande dimension et hauts de douze à quinze pieds, elle sert à alimenter un aqueduc qui conduisait autrefois ces eaux à Tyr. Le trop-plein, qui s'en échappe en cascades, fait tourner deux moulins; la façon dont leurs deux roues sont construites m'a paru assez ingénieuse pour mériter une description : elles servent de principal moteur et sont placées horizontalement; leur pourtour intérieur est garni de lames rayonnantes sur lesquelles l'eau se projette avec force et donne ainsi l'impulsion nécessaire pour faire tourner un arbre qui, à son tour, met en mouvement des meules placés au-dessus. Ce système m'a paru plus curieux que propre à rendre de grands services comme force motrice.

Notre tente, dressée sous un magnifique jujubier, est renversée par une bourrasque des plus violentes. Il nous faut aller dans la montagne chercher un abri plus favorable.

13 juillet. — Au jour, descendus à Tyr, nous avons, pour y arriver, suivi l'ancienne chaussée qui y conduisait autrefois; elle est obstruée par des sables qui s'y sont amoncelés.

Tyr n'est plus! A sa splendeur, à son commerce maritime, a succédé le silence des tombeaux. La ville même n'a pas laissé de traces : la mer et les sables, par leur envahissement progressif, ont englouti le port et couvert presque en entier le sol qu'elle occupait. Sur le peu qui en reste, on a bâti une mauvaise bourgade, à laquelle les Arabes ont donné le nom de Sourd. La plupart des habitants sont pêcheurs.

Jamais prophétie ne fut mieux accomplie que celle d'Ézéchiel (chap. XXVI, v. 3) :

« Me voici contre toi, ô Tyr, et je ferai monter contre toi plusieurs nations, comme la mer fait monter ses flots. V. 4. Et elles détruiront les murailles de Tyr et démoliront ses tours; je raclerai sa poussière hors d'elle, et je la rendrai semblable à une pierre sèche.

« V. 5. Elle servira à étendre les filets au « milieu de la mer, car j'ai parlé, dit le Sei- « gneur, l'Éternel, et elle sera livrée en pillage « aux nations. » De notre campement, nous distinguons les sommets du Sanin, encore blanchis par les neiges; la réverbération de la lumière du soleil les enveloppe et leurs crêtes se confondent avec les nuages pourprés du matin. Près de le quitter, nous sommes retenus par un accident arrivé à l'un de nos mouckres. Piqué au bras par un de ces animaux venimeux qui pullulent dans la contrée, il en souffre tellement qu'il se roule à terre et se tord vaincu par la douleur. Ses souffrances étant devenues moins vives dans la soirée, nous nous mettons en route.

Le voisinage des montagnes rend le pays plus aride; nous rencontrons un ruisseau où fourmillent les tortues; elles y sont en si grande quantité qu'il serait facile de les prendre à la main; des gazelles viennent s'y désaltérer et s'enfuient en bondissant.

Huit heures. Nous passons sur un pont de pierre la rivière Nahr-Kasmia; ce passage effectué, nous songeons à asseoir notre tente en un lieu sûr pour passer la nuit. Nous laissons le chemin frayé par les caravanes pour nous enfoncer dans un fourré de plantes herbacées, véritable fouillis dont la végétation est si prodigieuse que nous y serons complétement cachés. A peine sommes-nous installés qu'un léger bruit, occasionné par le froissement des plantes, nous révèle que quelqu'un se dirige de notre côté. Fort peu rassurés, nous nous mettons sur nos gardes, ce sont des Arabes; nous allons à eux rapidement pour savoir ce qu'ils veulent, ils nous apprennent que, voyageurs comme nous et sachant le pays peu sûr, ils sont venus chercher ici un refuge pour la nuit. Après nous être assurés que nous n'avions rien à redouter de ces nouveaux venus, nous nous mettons en rapport avec eux et leur cédons quelques-unes de nos provisions dont ils avaient besoin; ces arrangements terminés, nous nous livrons au sommeil sans aucune appréhension.

14 juillet. — Quatre heures du matin. Nous quittons notre retraite.

Dix heures. — Zarapha, l'ancienne Zarepta de l'Écriture sainte[1] :

1. *Rois*, chap. XVII, v. 9.

« L'Éternel dit à Élie : Lève-toi et va-t'en « à Sarepta qui est auprès de Sidon, et « demeure là. Voici; j'ai commandé à une « femme veuve de s'y nourrir. V. 10. Il se « leva donc et s'en alla à Sarepta, et comme il « fut arrivé à la porte de la ville, il vit là une « femme veuve qui amassait du bois, et il « l'appela et lui dit : « Je te prie, prends-moi un « peu d'eau dans un vaisseau et que je boive. »

Les terres, divisées en nombreuses parcelles, sont bien cultivées; on y récolte du vin, du coton, de la soie, des fruits, et on y élève des troupeaux; la culture n'y est cependant pas exempte de danger; parfois les récoltes sont dévorées par des nuées de sauterelles. Dans les parties incultes, on voit croître des caroubiers, des térébinthes, des chênes à noix de galle, des pistachiers et des cactus. La population, assez nombreuse, se compose de Druses et de Maronites. Les demeures de cette population si peu homogène, groupées çà et là, forment de petits villages; légèrement construites, elles ne sont défendues de l'intempérie des saisons que par des branchages ou des broussailles qui couvrent leur toit.

Onze heures à la fontaine El-Kantara. Un

magnifique sycomore l'ombrage. Rien de plus verdoyant et de plus enchanteur que les bords de cette fontaine, ils sont couverts de charmantes petites fleurs que fait éclore la fraîcheur de ses eaux.

Trois heures. Saïda. L'antique Sidon, autrefois la rivale de Tyr. Avant de nous y laisser pénétrer, on exige nos firmans et nos teskérés. Une fois entrés, nous allons au couvent latin, où nous sommes reçus de la manière la plus gracieuse. Les moines, au moment de prendre leur repas, le suspendirent aussitôt pour nous recevoir. Après notre installation, ils nous invitent à en prendre notre part, nous acceptons d'autant plus volontiers que nous sommes affamés. Malgré la frugalité ordinaire de ces anachorètes (des radis et une omelette aux herbes), nous nous trouvons fort satisfaits.

Nous faisons une visite à M. County, notre vice-consul; il nous apprend que les Arabes de Naplouse et de Jéricho se sont mis en pleine révolte contre les agents de Méhémet-Ali.

15 juillet. — Saïda, bornée au midi par des jardins délicieux adossés aux montagnes du Liban, au nord par la mer, et à l'est par la la rivière El-Awali, occupe une position des plus agréables. L'air y est tiède et embaumé, on éprouve un grand charme à le respirer. Cette cité n'a conservé aucun vestige de son ancienne splendeur; ses bazars sont propres et bien tenus, chacun vient y faire ses affaires, aussi la ville est-elle déserte pendant le jour.

Le port a peu d'importance, il ne reçoit que de légères barques. Un ancien château, dont la base se baigne dans ses eaux, communique avec la terre par un pont de plusieurs arches.

Les jardins sont admirables de fertilité et de luxuriante végétation. Arrosés par des courants d'eau habilement amenés de la montagne, ils sont séparés les uns des autres par des sentiers bordés de peupliers, de frênes, de platanes, couronnés à leur sommet de vignes sauvages et de lianes à fleurs odoriférantes. Ces massifs de verdure offrent un abri délicieux au promeneur, en même temps qu'ils entretiennent la fraîcheur des courants d'eau.

Des hamacs sont suspendus aux arbres pour y faire la sieste et au besoin y passer la nuit. Dans l'un de ces jardins nous vîmes deux sarcophages en marbre blanc qui venaient d'y être découverts, ils ont pu appartenir à des rois de Syrie; sur l'un d'eux étaient sculptées deux figures allégoriques, aux emblèmes de Neptune. Soirée agréable, passée avec les moines sur la terrasse de leur couvent. Quel beau ciel et quelle belle rade! intéressants rivages, inondés de lumière. La chaleur est si grande que les habitants de la ville désertent leurs maisons pour se réfugier sur les terrasses, où on les voit préparer leur coucher pour y passer la nuit.

16 juillet. — A peine les premiers rayons du jour se laissent-ils apercevoir promenant leur faible et tremblante lumière sur les murs décrépis de ma cellule, que je me suis levé pour aller respirer l'air frais des jardins et explorer les environs de Saïda.

Assailli, tourmenté par des rêves incessants, la nuit m'avait été des plus pénibles. Que dire de ces rêves où l'imagination échappe à la torpeur de nos sens; état mystérieux, connu de Dieu seul qui nous agite souvent et si péniblement, occupant notre esprit de choses imaginaires, rappelant à notre mémoire de tristes ou d'agréables souvenirs, divaguant parfois de la façon la plus étrange.

J'étais heureux de la quiétude dont je jouissais et du bon air que je respirais, lorsque tout à coup je me vois entouré d'almées qui campaient non loin du chemin que je suivais. Semblables à des guêpes, elles s'attachent à mes pas; je ne puis m'en débarrasser qu'en leur laissant quelques pièces de monnaie.

Je quitte la vallée et je prends des sentiers entrecoupés de précipices et de rochers qu'il faut escalader à chaque instant; des points de vue très-variés ne cessaient de se dérouler à mes regards. J'éprouvais un charme indicible; une extrême lassitude put seule m'y arracher.

Rentré à Saïda, quoique le jour fût sur son déclin, je dépensai ce qui en restai à parcourir des cimetières couverts de magnifiques cyprès.

Leur vue n'a rien d'attristant; par une belle nuit, la lune, répandant ses rayons sur ce lieu de pensées et de méditations, produit un effet des plus imposants.

17 juillet. — Six heures du matin. Après avoir assisté à la messe et remercié nos hôtes de leur bon accueil, nous partons. Nous passons sur un pont d'une seule arche la rivière El-Awali; sous ce ciel ardent, les rosées sont tellement abondantes que l'eau dégoutte des arbres comme dans nos contrées à la suite d'une grande pluie.

Dix heures. Nous traversons à gué le fleuve Damour, l'ancien Tamyris; son courant est tellement rapide que nos chevaux ont peine à y résister. Sur ses bords croissent de magnifiques lauriers-roses dont les bouquets de fleurs viennent se mirer dans ses eaux; nous laissons à mi-côte le village de Damour, habité en grande partie par des Druses.

Midi. Namkam, 42 degrés Réaumur; je n'ai jamais eu si chaud, c'est à ne pas y tenir. Nous sollicitons d'un Maronite un endroit pour nous abriter; il y consent volontiers; sa femme, d'une beauté remarquable, s'empresse elle-même de nous disposer une petite place sous un toit recouvert de branchages. Elle porte sur la tête une corne argentée d'environ quarante centimètres, fixée au-dessus du front : elle sert à soutenir un voile de mousseline dont elle se drape avec grâce. Cette coiffure, usitée chez les Syriennes et assez originale, n'est point dépourvue d'agrément lorsqu'elle est bien portée.

Nullement intimidée, notre hôtesse continue

à se livrer, en notre présence, aux soins de son ménage. Nous la voyons faire du pain, mais quel pain! Après avoir délayé sa farine dans l'eau et préparé sa pâte, elle la dispose en petites galettes; puis, pour les cuire, elle les applique sur les parois unies d'une ouverture de forme ronde creusée dans le sol à cinquante centimètres de profondeur sur autant de diamètres. Ce four primitif est chauffé par un feu ardent qu'on enlève avant d'y placer le pain, en ne laissant au fond qu'un peu de braise. Ce mode de cuisson ne m'a point paru heureux, car les galettes sont sorties du four aussi molles et aussi flasques que lorsqu'elles y étaient entrées. Dans la soirée, la température rafraîchie par une légère brise, devenue supportable, nous permet de continuer notre route.

Nous longeons Choiffard, village assez considérable échelonné sur notre droite; le paysage devient gai et agréable, nous approchons de Baïrout. Les versants qui y conduisent nous apparaissent ornés de charmantes habitations plantées de mûriers et d'autres arbres d'une belle venue.

Baïrout. Dix heures du soir. Descendus à l'hôtel du Piémontais Baptiste.

18 juillet. — Dès le matin, nous allons faire visite à M. Deval, notre consul; nous en recevons l'accueil le plus empressé et le plus cordial, c'est un aimable homme, plein de bonté et d'aménité pour ses nationaux; Baïrout est situé sur le penchant et à l'extrémité d'une colline venant aboutir à la mer. En voyant les longues dunes de sable mouvant qui s'avancent vers elle au couchant, on est porté à se préoccuper de son avenir; elle est défendue par un mur crénelé, flanqué de tours carrées assez rapprochées; un léger cours d'eau descendant des montagnes voisines la traverse, il pourrait y rendre de grands services s'il était utilisé d'une manière convenable. Ses rues, assez spacieuses, sont tenues avec propreté, il y règne une animation due au concours des diverses populations venant du dehors pour y trafiquer; elles ne laissent d'offrir de l'intérêt par la variété de leurs costumes, on y voit des turbans de toutes couleurs; les chrétiens et les juifs le portent noir, bleu ou gris; les oulémas ou chefs de la loi le portent blanc; les chefs de la religion le portent vert.

L'industrie locale se borne à la fabrication

de quelques étoffes de soie; les bazars, abondamment pourvus de marchandises étrangères, suffisent et au delà aux besoins de la consommation. Les sabres de Damas, si renommés autrefois, ne s'y rencontrent plus. Le port est très-fréquenté, on y voit arriver journellement des bâtiments se livrant au cabotage; le quai est bordé d'un amas de colonnes de granit gris, qui ont dû appartenir à quelque ancien monument; sa rade passe pour très-sûre.

19 juillet. — Un bâtiment grec entré dans le port cette nuit a répandu la nouvelle d'un mouvement politique qui aurait eu lieu à Paris. Cette nouvelle ne s'est pas confirmée très-heureusement; les révolutions, comme tout ce qui les précède ou les suit, donnent toujours lieu à des excès, et dans ces moments d'exaspération, on verse aussi bien le sang de l'innocent que celui du coupable.

20 juillet. — Nous avons exploré les environs de Baïrout, la végétation y est magnifique; attirés par le bruit criard et monotone des rouets occupés à dévider la soie, nous avons visité plusieurs magnaneries; la soie est la principale richesse du pays, aussi cette industrie y est-elle très-développée. Les magnaneries sont nombreuses et coûtent peu; elles sont installées en plein air, au milieu des plantations de mûriers, et ne sont abritées de la chaleur que par des branches d'arbres entremêlées de feuillage. Des pins-parasol de l'émir El-Facerdin, on a une vue des plus riantes et des plus agréables; aux abords de Baïrout, on rencontre des cafés en plein air défendus du soleil par des platanes et des sycomores, des musulmans y passent de longues heures à fumer et à dormir.

21 juillet. — Montés à cheval à cinq heures du matin, nous allons à Antoura. Le chemin est bordé d'orangers, de citronniers, de clématites et d'autres plantes grimpantes dont l'odeur est des plus suaves; assez large d'abord, il se rétrécit ensuite et longe la côte, bordée en certains endroits par de nombreux précipices.

Une légère brume, que le soleil a peine à dissiper, nous cache les vaisseaux stationnés dans la rade; ils nous apparaissent comme de petits points blancs se balançant à la surface des eaux.

Six heures au Nahr-el-Kelb (rivière du

chien). Nous mettons pied à terre pour voir des bas-reliefs sculptés sur les parois de rochers taillés à pic. Remontés sur nos chevaux, nous passons la rivière sur un pont de plusieurs arches pour suivre un sentier abrupte et rocailleux, serpentant en zigzag à travers les rochers dont les monts Liban sont hérissés dans cette partie. Ce sentier est si étroit et tellement difficile, que nos chevaux hésitent à passer, tant ils ont peine à poser le pied.

Neuf heures, au monastère d'Antoura, perché à mi-côte de la montagne. Des lazaristes y ont fondé une école où ils enseignent le français et l'italien. Le supérieur, ainsi que ses collègues, nous font un accueil des plus gracieux. De la terrasse de leur demeure, nous avons l'agrément de jouir d'une vue qui n'appartient qu'à ces contrées. Rien de plus pittoresque que les rochers au milieu desquels ce couvent est situé; les orangers dont parle M. Devolney subsistent encore; ces arbres magnifiques sont d'une grosseur extraordinaire, trois à quatre pieds de circonférence; ils abritent la partie nord du couvent, que leurs cimes dépassent.

Les villages environnants, dont les habitants

cultivent avec succès les parties fertiles de ce sol rocheux et accidenté (car on y voit des champs de blé et de la vigne), en occupent les points les plus élevés.

Cette contrée, désignée sous le nom de *Kesrouan*, est habitée par des Druses, des Maronites, des Mutualis et des Ausariés. D'origines et de religions diverses, ces populations se détestent mutuellement et vivent dans un état constant de jalousie et d'irritation. Nous laissons nos chevaux au couvent. Après une marche pénible, nous arrivons à un couvent de Maronites dominant ces monts escarpés; ce sont des chrétiens catholiques qui vivent en assez grand nombre en Syrie. Le supérieur, qui s'y trouve seul, s'empresse de nous offrir des rafraîchissements; les autres moines, revêtus de leurs capuchons, étaient occupés aux travaux des champs, ces hommes simples et laborieux ont utilisé toutes les parcelles de terre végétale avoisinant leur habitation; ils les cultivent eux-mêmes et vivent de leur produit; ces moines chrétiens catholiques vivent en communauté et sont astreints au célibat.

Revenus au couvent lazariste vers le soir

pour y prendre nos chevaux, nous regrettâmes de n'y pas trouver le frère supérieur, il avait dû s'absenter pour aller dans la montagne porter les dernières consolations de la religion. Faire du bien à ses semblables avec abnégation et désintéressement, c'est l'acte le plus sublime et le plus méritoire de l'homme; elle le rapproche et le conduit à Dieu.

Nous avions passé la journée entière dans ces montagnes; quoique fort las, nous remontons à cheval pour prendre au bord de la mer le chemin de Tripoli.

22 juillet. — Couchés au delà de Djébail. Au jour, après nous être réchauffés à un feu de broussailles que nous avions allumé, nous nous sommes mis en route, laissant dans la joie des essaims de mouches lumineuses dont nous avions pris la place.

Huit heures du soir. Tripoli. Logés dans une maison dont la cour, entourée d'arcades soutenues par d'élégantes colonnettes, est rafraîchie par un bassin d'où s'élance un jet d'eau. Toute la population est en émoi, les Druses et les Maronites menacent de s'emparer de la ville dont ils ont déjà été chassés, on y parle d'une grande bataille entre les Turcs et les Égyptiens, la bataille de Nézib.

23 juillet. — Tripoli, adossée à un vieux château, souvenir des croisades; ses rues, assez spacieuses, sont peu propres, ses maisons ont au plus deux étages, son aspect est triste, la décadence a touché de ses ailes cette ville ancienne. Son commerce consiste dans la soie qui s'y récolte et dans les éponges qu'on pêche dans son voisinage.

Cette pêche est des plus curieuses, ce sont des plongeurs qui s'enfoncent sous les eaux pour remonter à la surface avec une éponge aux dents. Tripoli est favorisée par la fraîcheur du Nahr-Kadisha qui la traverse. Les bords de cette rivière présentent des sites délicieux et des vallées sinueuses où l'on trouve l'ombre et le calme de la vie pastorale, les sentiers sont ombragés par des citronniers et des aloès. N'ayant pas le désir d'aller au delà, nous revenons sur nos pas pour prendre la voie de mer à Baïrout afin de gagner Smyrne et Constantinople.

24 juillet. — Nos chevaux sont infatigables et ne demandent qu'à marcher, nous sommes à une légère distance des cèdres du Liban; la route est bordée de montagnes couvertes de pins et autres arbres. Les vallées sont fertiles mais mal cultivées, l'agriculteur n'y trouve pas la sécurité dont il a besoin; il arrive souvent qu'un champ est récolté par celui qui ne l'a pas ensemencé; nos mouckres commettent journellement de ces larcins en faisant manger leurs chevaux dans le premier champ couvert de récoltes qu'ils rencontrent.

Les charrues, conduites par des vaches ou des ânes, sont mal organisées et ne font que déchirer le sol. Je fais part de ces imperfections à un Maronite labourant, c'était un beau vieillard. Ses enfants, qui l'assistaient, curieux de savoir ce que je disais à leur père, s'approchent respectueusement et écoutent avec attention. J'ai rarement vu une famille aussi intéressante, famille patriarcale, charmants enfants, pleins de vénération pour leur père.

J'étais émerveillé de ce tableau et ne pouvais m'en séparer ne devant plus le revoir. Combien ces mœurs si douces et si primitives sont précieuses! La civilisation, en nous créant des besoins, nous rend égoïstes et indociles. Passé la nuit sous des cèdres. Ces dômes de verdure où se développe la végétation dans tout son luxe servent de retraite à de petits musiciens ailés dont le ramage nous a éveillé.

25 juillet. — Baïrout. Nous nous séparons d'Abdala, nous étions fait au caractère de cet Arabe souvent impoli et d'humeur capricieuse; nous étions habitués à le voir; son départ nous cause quelque regret. Baïrout ne possède aucun monument digne d'intérêt; à l'orient de la ville se trouve une tour carrée qui a pu être édifiée autrefois pour sa défense. Elle a un lazaret; ces établissements, devenus de mode dans le Levant, pourraient y rendre de très-grands services s'ils étaient bien administrés, ne serait-ce qu'en vue de la propreté si utile au bien-être des populations.

Quant à la peste, pour ce qui est de son origine et de son développement, on doit s'en remettre à Dieu, qui seul en connaît les causes.

26 juillet. — Deux bâtiments de guerre égyptiens viennent s'embosser à l'entrée du port; ils ont pour mission de défendre la ville contre les tentatives des montagnards.

27 juillet. — La nuit dernière, nous avons assisté à une fantasia; ces sortes de fêtes, auxquelles les femmes musulmanes prennent d'ordinaire une grande part, sont des plus bruyantes et des plus tumultueuses; on y entend des fifres, des tambourins, des cris aigus et lamentables qui leur donnent un caractère frénétique et barbare.

Cinq heures du soir. Un vaisseau à destination de Smyrne et Constantinople se montre dans la rade. Nous nous rendons à son bord pour y prendre passage; la mer est tellement houleuse que nous avons peine à aborder, la chaloupe, ballottée en tout sens, ne cesse d'être agitée; en embarquant, je faillis avoir les jambes brisées par son bordage. Que serais-je devenu si cet accident me fût arrivé?

CHAPITRE DOUZIÈME.

CHYPRE, CASTEL ROZZO, RHODES, STANCHIO, ILE DE COS, MILET, SCALA NOVA, ÉPHÈSE, SCIO, SMYRNE, TÉNÉDOS, TROIE, DARDANELLES, GALLIPOLI, MONT OLYMPE

L'espérance est une riante perspective qui cache le terme du voyage.

Huit heures. Mer calme, le long sillage d'écume que tracent les roues du vaisseau sont les seules rides qui apparaissent à sa surface, la lune sort du sein des ondes, s'élève peu à peu et vient se réfléchir dans ses eaux.

28 juillet. — Onze heures du matin en vue de Chypre. Midi. Le vaisseau jette l'ancre dans la rade de Larnaca ; devant y rester jusqu'au soir, nous débarquons.

Larnaca est à un quart d'heure de distance dans les terres du port de débarquement.

Les consuls qui y résident ont arboré leurs pavillons, on les voit flotter au haut de leurs mâts.

L'île de Chypre passe pour être très-fertile. A son aspect, on ne la jugerait pas aussi favorablement, elle est traversée dans toute sa longueur par une chaîne de montagnes dont les versants sont nus et dépouillés; on y récolte du vin très-renommé, du coton et de l'huile. Larnaca en est la ville la plus commerçante; Nicosie, sa capitale, occupe le centre; Framagouste et Limasol, deux petites villes, en dépendent aussi.

Revenus à bord, nous trouvons le pont envahi par une société nombreuse; la plupart des Francs de distinction habitant Larnaca étaient venus visiter notre vaisseau.

Un pacha suivi d'un personnel nombreux s'y était installé pour y prendre passage, maîtres et valets étaient mêlés et confondus. Chez les musulmans, l'inégalité de condition se fait moins sentir que chez les autres peuples.

Le pacha, fort peu soucieux par nature, oublie les vicissitudes de ce monde dans les douceurs d'une excellente cuisine qu'il partage avec ses subordonnés et dans les parfums d'un très-bon café dont il se fait servir une tasse de quart d'heure en quart d'heure.

Six heures du soir, lever de l'ancre. Sept heures, stationné un quart d'heure devant Limasol. Ses maisons blanchies à la chaux vive la signalent de très-loin.

Le soleil a desséché les plantes ; tout y apparaît sous un aspect jaunâtre, aucun ombrage ne se fait remarquer, la plaine est nue et déserte.

29 juillet. — Belle mer, navigation agréable.

30 juillet. — Six heures du soir, nous faisons escale à Castel-Rozzo, petite ville dépendante de l'île de ce nom. Son port, ouvrage de la nature, est placé dans une anse qui le garantit des mauvais temps.

Au bruit du canon qui retentit à notre bord pour annoncer notre arrivée, les habitants accourent et s'amassent sur leurs terrasses.

Cette île, formée d'un amas de rochers de couleur rougeâtre qui se dressent fièrement au milieu des flots, est dépourvue de végétation et ne produit pas même de quoi nourrir ses habitants, qui, pour la plupart, sont pêcheurs d'éponges. Une légère brise a tempéré la chaleur du jour, le ciel est pur, les étoiles brillent au firmament, la silhouette des rochers que nous venons de quitter se dessine à merveille sous leur scintillante lumière.

31 juillet. — Rhodes. Dix heures du matin. Débarqués en vue du port, près de la fameuse tour Saint-Nicolas. Cette tour, de forme carrée, solidement construite, flanquée de tourelles aux quatre angles, a un aspect imposant. Vue de la mer, l'île de Rhodes offre un coup d'œil admirable : ce sont des collines doucement ondulées, couronnées à leur sommet et sur leurs flancs d'oliviers, de chênes, de lentisques, auxquels viennent se mêler des palmiers agitant mollement leur feuillage.

La ville, triste et déserte, n'a d'animation que dans le voisinage du port. On retrouve ici de nombreuses traces du moyen âge. A la droite du port, on voit le château gothique des anciens chevaliers de l'ordre de Saint-Jean de Jérusalem ; les niches pratiquées à l'extérieur des murs sont encore garnies de statues de saints. Ces chevaliers vinrent s'établir ici en l'an 1310, après avoir été expulsés de Jérusalem. Ce sont eux qui firent édifier le château dont je viens de parler, ainsi que les remparts et les diverses tours qu'on rencontre dans la ville.

J'avais été bercé dès mon enfance de l'histoire du colosse de Rhodes, cité comme une des sept merveilles du monde. Cette statue colossale, entre les jambes de laquelle passaient les flottes qui venaient à Rhodes et dont Pline évalue la hauteur à cent vingt pieds, n'a laissé trace de son existence. Un tremblement de terre la renversa cinquante-six ans après son érection. On croit généralement qu'elle était placée sur deux rochers à fleur d'eau à l'entrée du port. Cette indication, qui ne repose que sur des dires, ne me semble pas dépourvue de vérité. La nature ne peut être assimilée aux œuvres de l'homme, elle ne subit pas les mêmes vicissitudes. Le port que j'ai sous les yeux peut bien être encore celui où abordaient les navigateurs au temps de la splendeur de cette cité.

Nous en partons à cinq heures du soir; à peine avions-nous quitté le port, qu'une embarcation, se dirigeant de notre côté à force de rames, nous fait signe d'arrêter; elle nous amène une voyageuse allant à Smyrne. Juive grecque, cette femme attardée, dans sa précipitation, tombe à la mer en embarquant; ses jupons très-volumineux la soutiennent très-heureusement sur l'eau, et donnent le temps de la secourir. Témoin de cet événement, je descends rapidement dans la chaloupe qui l'avait amenée, et fais gouverner vers cette malheureuse qui se débattait dans les flots; je parviens à la saisir par ses cheveux dont les nattes s'étaient détachées (ce qui avait coûté la vie à Absalon la lui conserva) et la remorquai à la suite de la chaloupe. Son poids naturel, assez considérable, joint au volume d'eau qu'avaient absorbé ses vêtements, ne permettant point de la soulever facilement, ce ne fut qu'à grand'-peine qu'on parvint à la hisser sur le pont.

Elle avait perdu l'usage de ses sens, je la dégageai au plus vite de ses vêtements en les coupant en morceaux, puis lui fis respirer du vinaigre et lui en frottai la figure et les tempes, je l'agitai ensuite violemment, peu à peu elle revint à elle-même.

Pendant tout le temps qu'a duré cette scène, les Turcs sont restés impassibles, on les entendait dire entre eux à voix basse : « C'est une Juive. » Sous l'empire du fatalisme, le sentiment de la compassion s'émousse et s'affaiblit.

Depuis notre départ de Chypre, nous ne cessons de voir la terre ; les montagnes de la Caromanie sont nues et désertes, parfois elles s'abaissent pour faire place à des vallées fertiles descendant vers la mer.

1er août. — Six heures du matin. Stanchio, ville importante de l'île de Cos, patrie d'Hippocrate, homme vertueux et éclairé dont la vie entière fut consacrée à soulager l'humanité. Ses conseils, d'une admirable sagesse, devraient être écrits en lettres d'or sur la façade de nos temples et de nos académies de médecine.

Stanchio, située au fond d'un golfe, apparaît à l'œil du voyageur comme une oasis au milieu d'un désert de montagnes pelées et stériles.

Dix heures. L'horizon s'assombrit, la mer devient mauvaise ; c'est à peine si nous pouvons faire un mille à l'heure. On descend les grandes vergues, on cargue le reste de la voilure, mais le tangage est tellement violent que nous ne pouvons avancer.

2 août. — Au jour, rangeant la terre de

très-près, nous passons non loin de Milet, patrie du philosophe Thalès, l'un des sept sages de la Grèce.

La ville a disparu. Le Méandre seul est resté, roulant ses eaux sur une terre d'alluvion couverte de roseaux et autres plantes aquatiques.

Une vive canonnade attire notre attention : c'est la flotte turque se livrant à un combat naval simulé. En approcher au plus près et assister à ce spectacle était notre plus grand désir. Le capitaine, avec une grâce et une bonté qui lui étaient particulières, va se placer à l'arrière du vaisseau amiral. Il était difficile de choisir un lieu plus favorable ; aussi pûmes-nous y voir et suivre avec intérêt toutes les manœuvres de la flotte, sauf ce que les nuages de fumée, qui parfois nous enveloppaient d'une obscurité complète, pouvaient nous dérober. Après le combat, il y a quelque chose de solennel dans le silence qui lui succède.

Nous allions poursuivre notre route, lorsque nous vîmes arriver à notre bord plusieurs des officiers de la flotte ; ils venaient nous demander des nouvelles de Syrie. Il y a dans la vie des moments critiques difficiles. L'honneur et la droiture en pareil cas doivent toujours servir de guide.

Cinq heures du soir en vue de Samos. Contrariés par le vent debout, nous manœuvrons longtemps sans pouvoir en doubler le cap, la force de la machine est mise à l'épreuve ; tout tremble et gémit à bord, l'avant du vaisseau se dresse comme pour vaincre la difficulté, puis retombe pour rester à la même place ; pénible lutte d'où nous sommes cependant sortis vainqueurs.

Nous dépassons cette île sans y relâcher, mais nous remarquons que la végétation qui borde la côte est admirable.

Huit heures du soir, dans le golfe de Scolanova. S'il n'avait dépendu que de moi, j'y serais resté un jour avec plaisir ; je l'aurais utilisé à longer les bords du Caystre et à visiter Éphèse, située à une petite distance dans les terres, Éphèse, dont les ruines, confondues avec celles du temple de Diane qui lui avait valu tant de célébrité, attestent encore de nos jours son ancienne splendeur. Saint Paul y a laissé de sa parole sacrée un souvenir ineffaçable.

3 août. — Scio. Six heures du matin. Malheureuse Scio, dont les habitants furent massacrés par les Turcs en 1822, lors de la révolution grecque. Tristes et déplorables souvenirs.

L'île est charmante et des plus agréables; elle présente des bouquets de verdure entremêlés d'habitations, la roche granitique, quoique très-fréquente sur ce sol, n'exclut pas sa fertilité; le lentisque, le térébinthe, le ciste, des pins de diverses essences, l'olivier, le figuier, la vigne (qui y produit d'excellent vin muscat), le citronnier, l'oranger, le myrte, le rosier, y croissent avec une vigueur extraordinaire et répandent un parfum délicieux.

Rien de plus curieux que ces petites îles parsemées sur la plaine liquide, qui sont en rapports continuels au moyen de petites barques qui vont et viennent d'une île à l'autre.

De Scio à Smyrne, nous naviguons en vue de la côte, on aperçoit des pasteurs qui gardent leurs troupeaux.

4 août. — Smyrne (Anatolie). Une foule de barques viennent à notre rencontre pour nous annoncer que la peste y règne et que nous ne pourrons débarquer sans nous exposer à faire une quarantaine de vingt et un jours à Constantinople. Le vaisseau n'en continue pas moins sa marche et va s'arrêter sagement à l'entrée du port, où il jette l'ancre.

Plusieurs passagers débarquent pour ne plus revenir. La Juive qui a failli se noyer à Rhodes est de ce nombre ; avant de débarquer, elle me prend les mains et les embrasse.

Nous voilà cloués à bord ; il faut nous contenter de voir Smyrne en perspective. Toutes les villes se ressemblent à peu de chose près, surtout en Orient ; il n'y a donc pas à regretter de n'y pouvoir pénétrer.

Cette antique cité, dont l'origine se perd dans la nuit des temps, s'élève en amphithéâtre au fond d'un magnifique golfe, sur les flancs du mont Pagus, que couronne à son sommet un ancien château bâti par les Génois.

Le versant de droite est occupé par des cimetières ; celui de gauche est orné de jardins, véritable pépinière de rosiers, de jasmins, de grenadiers qui s'étendent jusque dans la plaine. D'ici, l'on voit la population circuler dans les rues. Les maisons, pour la plupart en bois, sont couvertes en tuiles et n'ont qu'un étage.

Le port, qui n'a point de quais, est bordé de débarcadères ; sa situation centrale y attire un concours prodigieux de négociants de tous les pays.

5 août. — Ne pas voir Smyrne à l'intérieur, soit ; mais si près du Mélès, souvenir si puissant d'Homère (l'histoire y place son berceau), il est difficile de se résigner et de résister à une tentation d'autant plus vive qu'en débarquant avec précaution et en ne cherchant pas à pénétrer dans la ville, on peut éviter la surveillance de la Quarantaine. C'est ce que nous avons fait.

Le Mélès se réduit à un petit ruisseau serpentant dans la plaine en arrière de Smyrne, pour venir ensuite se jeter dans la mer ; ses bords sont plantés de mûriers, de platanes, de saules et autres arbustes aux feuillages très-variés. Du pont des caravanes, le paysage est magnifique ; nous y passons près de trois heures, c'était suffisant. Notre curiosité, en présence de la peste, devait être très-discrète.

Départ. Quatre heures du soir. La mer est d'un calme parfait, le bâtiment glisse mollement, laissant flotter à sa suite un long panache de fumée qui assombrit le ciel.

Cinq heures. Vourla. La flotte française de la Méditerranée, aux ordres de l'amiral Lalande, s'y trouve mouillée.

Pendant la nuit, nous rencontrons plusieurs vaisseaux de guerre dont les voiles sont pliées : immobiles et silencieux, ils semblent dormir sous leur haute et puissante voilure, de loin on les prendrait pour des masses inertes flottant à la surface des eaux.

6 août. — Huit heures du matin. Nous côtoyons Ténédos. Les souvenirs mythologiques rappellent que de cette île sortirent les serpents qui enlacèrent de leurs replis l'infortuné Laocoon et ses deux fils, parce qu'il avait osé déplorer l'égarement des Troyens.

Le commandant d'un brick de guerre français en station dans ces eaux nous fait hêler; il envoie à notre bord un de ses lieutenants pour nous prier de lui donner des nouvelles sur les événements qui se passent en Syrie et sur la direction qu'a pu prendre la flotte turque.

Après avoir dépassé Ténédos, nous touchons la côte d'Asie, témoin de tant de combats, et ses rivages tant de fois illustrés par les Grecs et les Troyens, contrée féconde en grands crimes et en grandes vertus.

Le capitaine, avec son obligeance accoutumée, veut bien faire déposer à terre les plus curieux d'entre nous. J'étais du nombre.

Le peu de temps qu'il nous accorde ne nous permet de voir que fort peu de chose; la ville de Priam n'est plus; le temps, infatigable niveleur, n'a laissé aucune trace : des espaces immenses, un sol remué et inégal, voilà tout ce qu'on rencontre, ou du moins ce que nous avons pu voir. C'est d'ici que le pieux Énée s'enfuit portant son père sur les épaules et tenant le jeune Ascagne par la main.

Sans quelques bergers qui promènent leurs troupeaux, cette côte, autrefois si agitée, serait déserte. La terre y est stérile; après les grandes et longues commotions qui ont foulé sa surface, elle a besoin d'un long repos pour se régénérer et produire.

Vers le soir, nous entrons dans les Dardanelles, jadis l'Hellespont; nous passons en vue des châteaux d'Europe et d'Asie, sentinelles avancées de ce détroit. A mesure que nous avançons, nous remarquons çà et là des forts très-rapprochés. Leurs batteries, approvisionnées de boulets de marbre, sont installées de telle sorte qu'elles rasent la mer et rendent l'accès de la côte impossible.

Le vent souffle avec violence, nous avons peine à le surmonter. C'est alors que le mérite de la vapeur est apprécié, surtout lorsqu'on voit à l'ancre une quantité de bâtiments à voile retenus par les courants ou par les vents du nord qui règnent ici fréquemment.

Les deux côtés du détroit sont très-accessibles, la végétation y est fort belle, aussi s'étonne-t-on de voir si peu d'habitants.

Les Dardanelles ont douze lieues de longueur; l'histoire rapporte que, dans ce détroit, Xercès, furieux de la rupture d'un pont destiné au passage de ses troupes, fit donner trois cents coups de verge à la mer, et ordonna qu'on y jetât des chaînes de fer. Si l'histoire n'était là pour attester ce fait, on ne saurait croire à un tel acte de démence. Sous ce rapport, du moins, la raison humaine a fait depuis lors des progrès.

7 août. — De nuit nous abordons Gallipoli.

Minuit. Nous entrons dans la mer de Marmara (l'ancienne Propontide). Ses eaux calmes et paisibles ne sont troublées que par le sillage du vaisseau. Nous découvrons les cimes du mont Olympe; la nuit, éclairée par un firmament étoilé, nous permet d'en observer toute la beauté. Nous eussions désiré voir l'embouchure du Granique, petite rivière devenue célèbre par les premiers triomphes d'Alexandre sur les Perses (334 ans avant J.-C.).

CHAPITRE TREIZIÈME.

CONSTANTINOPLE.

« La mollesse et l'apathie perdent les
« hommes aussi bien que les nations. »

8 août. — Six heures du matin en vue de Constantinople. Une légère vapeur nous dérobe cette cité et ses beaux sites, mais peu à peu elle se dissipe pour faire place à un soleil qui projette ses rayons avec éclat et nous met à même de jouir d'un spectacle admirable.

Neuf heures. Nous mouillons en vue de la *Corne d'or*.

L'administration sanitaire s'oppose à notre débarquement et veut nous assujettir à une quarantaine; nous disputons longuement avec elle, mais sans succès. Le bâtiment étant autrichien, le capitaine en réfère à son ambassadeur, M. de Sturmer.

Du point où nous sommes, nous jouissons d'une superbe perspective, celle de la *Corne d'or*, avec sa fourmilière de navires. Les palais qui décorent ses rives, le sérail et ses jardins enchanteurs, dont les murs viennent se baigner dans la mer; les mosquées surmontées de leurs riches minarets; les cimetières ottomans, avec leurs cyprès formant çà et là au milieu de la ville des massifs de verdure d'où se détachent gracieusement les toits des maisons couverts en tuile rouge. Le Bosphore, dont les charmantes rives déroulent sous nos yeux leurs aspects riants et magnifiques, tout cela forme un tableau enchanteur.

Sur la côte d'Asie, Scutari et ses belles casernes se présentant en amphithéâtre. Des nuées de *caïes*, petites barques à la forme svelte et allongée, sillonnent les flots de cette mer azurée. D'une rive à l'autre, des milliers de goëlands que la présence de l'homme n'effarouche pas, viennent se percher sur les vergues des bâtiments.

Tout cet ensemble nous ravit et nous occupe agréablement.

Quatre heures du soir. M. le comte de Sturmer nous envoie son chancelier pour nous annoncer que nous allons pouvoir débarquer à l'échelle de Tophana.

L'intérieur de la ville ne répond nullement à son extérieur ; les rues, tortueuses, grimpantes, malpropres, sont abandonnées à l'insouciance publique et aux effets des éléments. Les maisons, petites et basses, auxquelles viennent se mêler des tombeaux, sont construites pour la plupart en bois et n'ont que fort peu d'ouvertures. A côté des constructions particulières, si médiocres, s'élèvent des monuments extrêmement remarquables, ce sont des fontaines aux formes indiennes et chinoises, des mosquées aux légers et élégants minarets, et enfin des palais du sultan.

Nous allons nous loger dans la grande rue de Péra. La maison que nous occuperons es en pierre, les châssis des fenêtres sont en fer, précaution très-sage contre l'incendie.

9 août. — Nous avons passé la matinée à visiter Péra ; ce faubourg est la demeure habituelle des rayas, sujets soumis à la capitation, population indigène, riche et laborieuse qui ne professe pas la religion musulmane, ne contribue point personnellement à la défense du pays et ne jouit pas des mêmes avantages politiques que les Ottomans. On n'a recours à elle que lorsqu'on a besoin d'argent. Faute grave dont le gouvernement turc subira plus tard les conséquences.

La plupart des Francs, on pourrait même dire tous les étrangers qui viennent à Constantinople, se logent dans ce quartier; aussi y règne-t-il une bigarrure de mœurs, de langages et de costumes qui excitent au plus haut point la curiosité.

Dans cette foule si variée circule la femme émancipée comme celle qui ne l'est pas, la femme grecque est reconnaissable à sa taille svelte et à son voile indiscret; quant à la femme turque, il serait difficile de s'y méprendre: voilée des pieds à la tête, mal chaussée et presque toujours chargée d'embonpoint, elle marche avec difficulté.

On ne rencontre que peu de voitures dans les rues; celles qu'on y voit le plus souvent sont connues sous le nom d'*Arabas*, elles appartiennent à des pachas ou à de riches musulmans, qui s'en servent pour faire transporter leurs femmes hors de la ville. Leur forme est massive, elles sont enjolivées de dessins en reliefs couverts de dorures et sont traînées par des bœufs.

Nous quittons Péra pour aller au grand champ des Morts, vaste cimetière où chaque religion a son terrain particulier. N'étant défendu par aucune clôture, pas plus que les cimetières musulmans, il est très-accessible et très-fréquenté, on en fait même un lieu de promenade; il occupe un site charmant, planté de cyprès et de platanes, qui servent en même temps d'ornement et de signe de deuil.

10 août. — A peine est-il jour que nous traversons le petit champ des Morts. Déjà des musulmans y sont en prière; le silence qui y règne n'est interrompu que par le frémissement des cyprès ou la pioche du fossoyeur qui y prépare de nouvelles demeures.

Descendant de la colline occidentale sur laquelle ce cimetière est assis, nous passons le pont flottant jeté sur la *Corne d'or*.

Nous voilà dans l'antique Byzance. Après avoir parcouru plusieurs petites rues étroites, bordées de maisons assez semblables à celles que j'ai déjà décrites, nous arrivons au palais du séraskier, construction sans ordre ni symétrie, dépourvue d'intérêt. Nous montons au haut de la tour qui le domine, on a une vue des plus ravissantes et des plus complètes de la ville et de ses faubourgs. Pendant plus d'une heure, nous sommes restés dans l'admiration, jamais plus magnifique coup d'œil ne s'était offert à nos regards. On voudrait pouvoir vivre ici sur les toits et ne jamais descendre dans la rue.

La mosquée du sultan Bayésid étant ouverte, nous y pénétrons ; à peine y sommes-nous que des musulmans en prière se lèvent et nous en font sortir brusquement. Pourquoi donc nous chasser ainsi? Est-ce que Dieu a des secrets pour vous, lui qui n'en a pour personne? Vous cédez à l'ignorance et au fanatisme. Dans un pays où la loi religieuse et la loi politique ne forment qu'un seul et même code, il en sera encore longtemps ainsi. La civilisation n'y pourra pénétrer que bien difficilement.

Les bazars, dont l'aspect est sombre, sont spacieux, il y règne beaucoup de mouvement par suite de la centralisation des affaires; chaque boutique est pourvue d'un banc où se repose l'acheteur, pendant les débats qui précèdent ordinairement la conclusion du marché; parfois même le vendeur, qui n'est jamais pressé, va jusqu'à lui offrir la pipe et le café.

La nuit, la ville n'est point éclairée; c'est à peine si, par une nuit obscure, on peut s'y conduire et éviter les chiens qui d'instinct s'élancent sur les Francs qu'ils reconnaissent à leur costume. Ici, comme au Caire, on voit un grand nombre de chiens sans maître dont le pelage est affreux et le caractère sauvage.

Pour revenir à Péra, nous nous embarquons dans l'un des nombreux caïcs qui stationnent aux différentes échelles de la *Corne d'or*.

Nous contournons la pointe du sérail et venons débarquer à Tophana.

Malgré l'heure avancée, nous avons encore pu y voir la caserne des artilleurs et la jolie fontaine du marché aux légumes, construite en forme de pagode indienne.

Nous avons pour drogman un Servien qui fait tour à tour le métier de cicérone et celui de cuisinier; il parlerait assez bien le français s'il ne confondait la seconde personne du singulier avec celle du pluriel ; à chaque instant il nous interpelle par des *tu, toi, tiens, mon ami*. Ce bavard intarissable sait tout et ne doute de rien ; il nous raconte une foule d'histoires avec un aplomb et un sérieux qui ne laisseraient aucun doute dans celui qui l'entendrait pour la première fois. Néanmoins ces récits, empreints d'une grande naïveté et narrés avec facilité, nous amusent et nous font oublier la longueur de nos courses.

Passé la soirée à nous promener au petit champ des Morts, rendez-vous ordinaire de la société franque. De ce point on domine Constantinople, qui, à nuit close, disparaît sous une enveloppe ténébreuse ; sans quelques lumières attardées, on ne saurait la distinguer.

11 août. — Galata, quartier bordé à l'est par la mer de Marmara, à l'ouest par la *Corne d'or*, occupe l'une des collines de Péra et est habité par des négociants francs.

Une tour assez élevée lui sert de beffroi, d'où une sentinelle veille jour et nuit, afin d'avertir en cas d'incendie ; malgré cette sage précaution, les incendies se renouvellent fréquemment ici et y dévorent des rues entières. Le musulman, peu convaincu de la vérité de notre axiome (aide-toi, le ciel t'aidera) se laisse brûler avec insouciance.

Il existe dans ce quartier un couvent de derviches tourneurs, moines musulmans. Il était ouvert; c'était un vendredi, jour où ces religieux admettent le public à leurs exercices. Avant de pénétrer dans l'enceinte où ils ont lieu, nous avons dû ôter nos souliers et les laisser à la porte. On nous introduit dans une salle assez vaste dont le pourtour, séparé par une légère galerie, est réservé aux spectateurs. Les derviches, le supérieur en tête, entrent dans la salle; le supérieur porte le turban vert, signe de son autorité; il va s'asseoir sur un tapis, dans un coin de l'hémicycle, tourne son visage vers la Mecque et se met à prier. Les religieux, coiffés d'un bonnet pointu en feutre blanc, vêtus d'une robe de drap gris, serrée au-dessus des hanches et descendant à la cheville, font le tour de la salle et se saluent mutuellement. D'un orchestre placé dans une galerie supérieure, partent des chants criards et monotones qu'accompagne une musique composée de hautbois, de clarinettes et de tambourins. A ce signal, les derviches s'agitent et se mettent à tourner sur eux-mêmes dans l'enceinte circulaire qui leur est affectée. Ce mouvement de rotation augmente peu à peu, suivant la mesure de la musique, la robe des derviches se gonfle d'air à mesure qu'ils tournent et s'étend autour d'eux, leurs bras sont étendus en croix, leur tête penchée sur une épaule et les yeux fermés. Leur visage dénote le délire. Ils tournent ainsi jusqu'à ce que, épuisés de fatigue, ils finissent par tomber sur le sol dans un état complet d'épuisement et d'exaltation tel que leurs coreligionnaires les considèrent alors comme étant en rapport avec Dieu. Il est, selon moi, permis à chacun de chercher le chemin du ciel à sa guise. J'avoue que ce n'est pas celui que je prendrais. Je respecte ces dévotions, il n'appartient qu'à Dieu, la sagesse même, de juger de leur mérite.

Monsieur Defranqueville, premier drogman de l'ambassade de France, auquel j'avais été recommandé par l'un de mes amis, nous a donné ce soir une fête des plus brillantes dont sa femme, charmante et aimable, a fait les honneurs avec toute la grâce imaginable.

Sortis de chez lui à une heure avancée de la nuit, nous avons été escortés jusqu'à notre demeure par des bandes de chiens qui n'ont cessé de hurler et d'aboyer contre nous.

12 août. — La *Corne d'or* et les eaux douces d'Europe.

La *Corne d'or*, à l'extrémité de laquelle se trouvent les eaux douces d'Europe, forme le port de Constantinople. C'est un golfe qui s'étend dans les terres et s'embouche dans le Bosphore, qui, lui-même, tombe dans la mer de Marmara.

Nous frétons un caïc à l'échelle de Meit-kapoussi pour le remonter. A mesure que nous avançons, ses rives dessinent une légère courbure qui lui a valu sans doute le nom qu'il porte; elles se présentent en amphithéâtre des deux côtés et sont couvertes de maisons de campagne qui ne font que paraître et disparaître, grâce aux sinuosités que décrit ce bras de mer. Le spectacle de points de vue si variés, dû aux accidents du sol, offre un aspect des plus agréables.

Nous laissons à gauche le village d'Eyoub, dont la mosquée est en grande vénération chez les Musulmans; peu à peu les rives du golfe se resserrent et aboutissent à une riante pelouse de verdure, arrosée par les eaux douces qui viennent se mêler à celles de la *Corne d'or*. Nous débarquons pour suivre à pied les bords de cette rivière ombragés d'ormeaux et de platanes d'une belle venue, des femmes groupées çà et là s'y prélassent et s'y reposent. A notre approche, elles se voilent et, sur l'ordre des eunuques qui les accompagnent, elles remontent dans les arabas qui les ont amenées.

L'habitation coquette, en forme de kiosque, qui se baigne dans les eaux transparentes où s'ébattent des cygnes, fait de ce paysage un séjour délicieux et plein de charmes, auquel on donne le nom d'*Eaux douces d'Europe*.

Au delà, l'on ne rencontre que des terres cultivées. Il est vrai qu'on trouverait difficilement un sol plus riche; mais les Turcs se contentent de peu et ne cherchent à obtenir de la terre toutes les richesses qu'elle peut donner. Le progrès en culture ou un bon état stationnaire ne se rencontrent qu'à proximité d'un grand centre de population où les engrais se trouvent en abondance et les produits s'écoulent avec facilité, causes favorables pour conserver un bon état de choses et en accroître le perfectionnement ; ici, rien de semblable.

13 août. — Mosquée de Sainte-Sophie, le plus vaste et le plus beau monument de Constantinople. N'ayant pu obtenir de firman pour la visiter, nous y pénétrons à l'aide de nos costumes arabes. La beauté, la hauteur de la coupole de cet édifice étonnent le regard et le captivent, il y a réellement quelque chose de merveilleux dans cette construction. Autant qu'il est permis d'en juger à travers la foule qui s'y presse, ce temple renferme quantité de matériaux précieux. Les croyants, absorbés dans leurs méditations pieuses, ne s'aperçoivent point de notre présence parmi eux. On n'y voit aucune femme; sauf un ou deux jours de l'année, elles sont bannies de cette enceinte. Mœurs bizarres, qui se maintiendront sans doute encore longtemps. Car la femme est condamnée par la religion musulmane à vivre dans un état d'esclavage et de réclusion qui atrophie son intelligence et détruit tout sentiment dans son cœur.

Diverses constructions servant à des écoles

et à des établissements de bienfaisance sont accolés à cette mosquée et donnent à sa base l'aspect d'une masse informe. La charité est l'une des prescriptions essentielles de la loi musulmane; en effet, sans la charité, aucune religion ne saurait subsister. Nous admirons dans le même quartier la belle fontaine qui précède l'entrée du sérail, palais si mystérieux.

Nous avons parcouru ensuite la place de l'Atmeidan, où furent massacrés huit mille janissaires en juin 1826, par ordre du sultan Mahmoud. L'incendie et la mitraille y ont laissé des traces qui ne sont pas encore effacées. Tristes et sanglants souvenirs. On voit sur cette place un obélisque égyptien, érigé sous le règne de Théodose; un reste de colonne en bronze, dont le fût représente trois serpents enlacés et qu'on désigne sous le nom de *colonne Serpentine;* elle provient, dit-on, du temple de Delphes; enfin une pyramide en partie détruite. Dans le voisinage, nous avons pu voir confondue parmi des constructions particulières la colonne de Marcien, empereur d'Orient vers 450, ainsi que a citerne dite des Mille-Colonnes, attribuée à Constantin. Des colonnes en marbre blanc, au nombre de près de deux cent cinquante, en soutiennent la voûte; des dévideuses de soie sont installées dans les quelques parties exemptes d'immondices.

14 août. — Scutari (sur la côte d'Asie), l'un des faubourgs de Constantinople, dont il est séparé par le Bosphore.

Un caïc nous y porte en moins d'une demiheure; nous y louons des chevaux et dirigeons notre promenade vers la montagne de Bourglourou. Des soldats, échelonnés de distance en distance sur le chemin que nous suivons, nous invitent à mettre pied à terre et à conduire nos chevaux en laisse. « Le sultan, nous disent-ils, va passer; c'est une consigne que nous devons faire observer. » Après son passage, remontant sur nos chevaux, nous arrivons en peu de temps au sommet de la montagne, où nous attend une vue délicieuse.

Scutari est très-important; ses rues, bordées de maisons de belle apparence, sont spacieuses; des fontaines d'un goût fort remarquable ornent ses places; son port est très-animé; beaucoup de barques y arrivent et en partent journellement, des caravanes de la Perse ou de l'Arméme viennent y déposer leur chargement afin qu'on le transporte sur la côte d'Europe. Ce qu'il y a de curieux dans ces caravanes, c'est qu'elles ont toujours à leur tête un âne qui sert de guide à de longues files de chameaux.

Rien n'est plus triste ni plus imposant que le cimetière de Scutari, planté d'une forêt de cyprès. Les Turcs opulents ont pour ce lieu une prédilection toute particulière. En raison de sa situation sur la côte d'Asie, ils semblent prévoir le sort qui peut leur être réservé et ne veulent pas abandonner leurs cendres à des mains infidèles. Mais Dieu n'a encore révélé à personne le jour où s'éveilleront ceux qui y dorment. Scutari a aussi un couvent de derviches; malgré le sentiment pénible que j'éprouve à assister aux exercices de ces religieux, je vais les voir; ces étranges cénobites, d'un ordre différent de ceux de Péra, s'appellent *hurleurs*. En effet, ils hurlent le nom d'Allah (Dieu) à en perdre haleine, et balancent en même temps le corps avec une telle vitesse et tant d'enthousiasme, qu'ils épuisent promptement leurs forces dans ce mouvement et tombent sur le pavé ruisselants de sueur et dans un tel état de prostration qu'il faut les emporter de la salle. Un vieux derviche, leur supérieur, excitait du geste et de la voix ses jeunes confrères; il semblait furieux et en proie au délire, tant il y mettait d'ardeur et d'acharnement.

Divers instruments de torture étaient appendus aux murs de la salle où avaient lieu ces exercices; ces trophées ont dû servir à quelques moines de cet ordre pour se macérer le corps et mortifier leur chair, afin d'obtenir de Dieu le pardon de leurs fautes.

15 août. — Après Sainte-Sophie, la mosquée du sultan Ahmed est une des plus belles et des plus coquettes de Constantinople. Sa coupole, ses légers minarets, avec leurs galeries découpées, lui donnent un aspect des plus séduisants; son architecture rappelle tout ce qu'il y a de gracieux et de léger dans l'art qui prit naissance avec l'islamisme.

Arrivés au marché des esclaves, nous avons peine à y pénétrer. Les esclaves étaient nombreux; il s'y trouvait des femmes blanches de Géorgie et de Circassie d'une grande beauté. Le prix de ces belles créatures est bien supérieur à celui des esclaves noires, elles se vendent de 2 à 3 mille francs.

16 août. — Embarqués de grand matin à l'échelle de Taphana pour visiter le Bosphore. Deux rameurs forts et robustes dirigent avec vigueur la marche du caïc; leur vêtement ne laisse pas d'être élégant. Une chemise de soie écrue, un large pantalon blanc, serré au milieu du corps par une ceinture de soie rouge et sur la tête une calotte grecque surmontée d'un gland de la même couleur.

Notre drogman s'entretient avec eux; ils lui racontent qu'ils ont aperçu à l'aube du jour deux cadavres flottant sur les eaux du Bosphore. Parvenus à la charmante vallée de Dolma-Batché, le caïc, retenu par les courants, marche lentement; nous en profitons pour examiner à loisir toutes les particularités du tableau ravissant qui se déroule sous nos yeux et se prolonge jusqu'à la mer Noire. De chaque côté, des collines accidentées parées de verdure présentent à chaque mouvement du sol des aspects nouveaux et toujours charmants. A leur pied, baignés par les eaux du Bosphore où ils se mirent, des palais magnifiques, des maisons de campagne et de jolis villages. De nombreuses embarcations s'y croisent en tous sens et donnent à ce paysage une grande animation.

Nous débarquons à Thérapia, village sur la côte d'Europe. Le palais de France à Constantinople ayant été incendié, notre ambassadeur réside ici ; un brick de guerre français, pavoisé aux couleurs nationales, stationne à proximité de l'ambassade. Pour le moment, c'est l'amiral Roussin qui occupe ce poste important. Nous ne voulions point passer si près du représentant de notre patrie sans aller le saluer ; j'y tenais d'autant plus que j'avais à lui remettre une lettre de recommandation de M. le comte de Montalivet.

Nous longeons à pied les rives du Bosphore pour les remonter jusqu'à Buyucdéré, autre village situé plus loin, où nous avons donné rendez-vous à notre caïc. A mi-chemin, nous voyons des platanes d'une énorme grosseur ; de ma vie, je n'ai vu d'aussi beaux arbres. Buyucdéré est le village favori des ambassadeurs étrangers ; là s'élèvent leurs charmantes villas, ornées de jardins enchanteurs qui aboutissent à un quai vaste et spacieux devenu une charmante promenade. J'y rencontre M. de Wagner, chancelier de l'ambassade de Prusse; je l'avais connu à Paris et lui étais recommandé par son frère, mon ami. Il y avait longtemps qu'une figure amie ne m'était apparue; j'éprouvai un grand plaisir à le voir; il me fit, ainsi qu'à mon compagnon de voyage, l'accueil le plus empressé et le plus cordial.

Réembarqués, nous continuons à remonter le Bosphore jusqu'à la mer Noire (le Pont-Euxin des Grecs). A mesure que nous en approchons, notre navigation devient plus difficile, bien que le caïc dont on se sert pour naviguer sur le Bosphore ait une forme svelte et allongée qui lui permet de lutter avec avantage contre les courants, qui sont ici nombreux.

Le pays devient plus désert et la terre est dépouillée de verdure. A peine sommes-nous dans la mer que nous la quittons pour descendre ia rive opposée du Bosphore, qui est celle d'Asie. Elle n'est pas moins intéressante que celle que nous venons de quitter. A mi-chemin, nous laissons notre caïc pour gravir le mont du Géant. Pour atteindre son sommet, il nous faut contourner ses flancs; ils sont couverts d'une végétation tropicale où se marient et se mêlent le chêne vert, l'arbousier, le laurier, le myrte, le jasmin, le lilas, le chèvrefeuille et la vigne. Cet ensemble forme des massifs de verdure impénétrables.

Parvenus à la cime du mont, nous devenons, sans savoir pourquoi, l'objet de vociférations et de menaces suivies d'effet, de la part d'hommes et d'enfants qui nous lancent des pierres et nous maudissent. Ne sachant à quoi attribuer ce vacarme, nous leur dépêchons au plus vite notre drogman et le suivons d'assez près; mais bientôt nous apercevons un grand nombre de femmes qui s'amusent entre elles. Dès lors, nous ne sommes plus étonnés de l'accueil hostile qui nous est fait, ces femmes sont des esclaves géorgiennes auxquelles on a accordé le plaisir de la villégiature. Notre apparition ne paraît pas leur déplaire, car elles ne se soumettent qu'à regret au résultat de notre négociation avec leurs geôliers, qui ont beaucoup de peine à les faire partir; elles se glissent derrière les arbres pour leur échapper. Si nous avons eu quelque peine à arriver jusqu'ici, nous en sommes dédommagés par la beauté du panorama. Un tombeau couronne le sommet du mont; c'est un lieu de dévotion pour les musulmans, des derviches y prient constamment.

Les grands arbres qui entourent ce lieu consacré ont leurs branches chargées de petits morceaux d'étoffe de couleurs variées; des musulmans, persuadés des vertus miraculeuses de ce tombeau, viennent y déposer des fragments de leurs vêtements, dans l'espoir d'y laisser la maladie qui les fait souffrir.

Depuis mon retour en France, j'ai vu à mon grand étonnement que, dans un lieu voisin de Paris, des chrétiens ont recours à des pratiques analogues. Attribuant à une fontaine dédiée à saint Médard, la vertu de guérir les fièvres, ils attachent aussi aux branches d'un chêne qui l'ombrage des morceaux de leurs vêtements avec la même espérance de guérison. En descendant de la montagne nous traversons la plaine d'Unkiar Séleski. Une colonne indique que ce lieu fut celui où campèrent les Russes en 1832, c'est là aussi que furent arrêtées les bases du traité qui porte ce nom, et mit fin à la guerre entre la Turquie et la Russie.

Des eaux douces d'Asie, charmante plaine

ombragée d'arbres et semée de kiosques, nous regagnons notre caïc : la nuit nous surprend sur le Bosphore. Sans la lumière des habitations disséminées sur ses rives, nous y fussions restés dans une complète obscurité; des volées d'alcyons (hirondelles de mer), rasant ses eaux avec la rapidité de l'éclair, passent et repassent sans cesse près de nous, en poussant des cris aigus et pénétrants.

Dix heures du soir. A l'échelle de Taphana, la course avait été longue, le Bosphore n'ayant pas moins de huit lieues de la mer de Marmara à la mer Noire.

Le temps est couvert, la mer agitée, *17 août*. — Un régiment d'artillerie passe sous nos fenêtres pour aller camper sur la place de l'Atmeïdan. Le gouvernement paraît éprouver quelques craintes, par suite de la mort du sultan Mahmoud, décédé le 30 juin 1839. L'empire turc est faible. Fataliste par religion, il laisse aller les temps et les choses. Les nations, comme les hommes, ont une carrière limitée, qui peut être plus ou moins longue, mais dont le terme peut être retardé par de sages précautions, ou des institutions progressives en rapport avec les besoins des peuples. Ici, tout est immobile.

Nous avons pu voir aujourd'hui le palais de Beschistadt, ainsi que les jardins qui en dépendent. Le logement des femmes nous a paru fort remarquable par la coquetterie et la richesse des ornements qui les décorent; les fenêtres, artistement grillées, laissent circuler l'air, sans permettre à l'œil de découvrir du dedans ce qui se passe au dehors ni du dehors ce qui se passe au dedans. Singulière destinée que celle de ces filles de l'Orient!

18 août. — Le Fanar et le château des Sept-Tours. Embarqués sur la *Corne d'or*, nous sommes venus prendre terre à Petri Kapoussi dans le quartier du Fanar; il est habité par des Grecs. Des chevaux nous y attendaient sur une petite place, ornée d'une fontaine ombragée de platanes. Montés à cheval, nous le traversâmes. Le pas de nos chevaux amène aux fenêtres à demi grillées des habitations de jeunes et jolies femmes. Nous sortons de la ville par la porte d'Andrinople et nous dirigeons vers la plaine de Daoud-Pacha, champ d'exercice de l'armée ottomane. On y voit quelques tentes servant à abriter les soldats pendant la chaleur du jour.

— Dans le voisinage, nous visitons l'église grecque de Baloukli. Les cendres de Comidas, prêtre arménien, martyr de la foi religieuse, y reposent. Les Grecs vénèrent ce lieu et y viennent de très-loin boire l'eau d'une fontaine qui est consacrée à ce vénéré personnage.

Les murs de Constantinople, que nous longeons ensuite, forment une suite de brèches qui disparaissent pour la plupart sous des enveloppes de lierres ou autres plantes parasites, absolument dans le même état où la conquête les a laissés. Cette vétusté a quelque chose d'imposant. C'est Mahomet II, l'un de ces conquérants qui apparaissent de loin en loin sur la scène du monde, qui s'empara de Constantinople en 1443. Il est difficile de s'expliquer l'état d'abandon de ces murs, qui pourraient encore être utilisés. Nous les avons longés de la porte d'Andrinople au château des Sept-Tours. Rien de plus triste, de plus sévère que cette bastille, où l'on compte sept cours reliées entre elles par de longues et épaisses murailles, surmontées de terrasses. Plus d'une innocente victime de l'injustice humaine a passé là des jours lamentables.

Le quartier environnant, borné par la mer de

Marmara, offre un aspect des plus tristes; on y voit des cafés hantés par une population infime qui s'adonne à l'intempérance.

Chaque pays a ses mauvaises habitudes; ici on s'empoisonne avec l'opium, le hachih et le tabac; chez nous, c'est avec l'absinthe et des liqueurs frelatées. Ces drogues, lourdement imposées, profitent aux gouvernants, mais nuisent à la santé publique et à la moralité des masses.

Nous quittons nos chevaux à l'échelle de Tshatladi-Capou pour y prendre un caïc avec lequel nous voguerons paisiblement vers notre demeure.

19 août. — Kadikoeue, l'ancienne Calcédoine, sur la côte d'Asie, bâtie, dit-on, par les Mégariens, sept siècles avant Jésus-Christ; elle n'offre d'intérêt que par les souvenirs qui s'y rattachent. Sainte-Euphémie est en ruine; c'est dans l'enceinte de ce temple que se tinrent les conciles dans lesquels furent discutés les schismes qui déchiraient la communion chrétienne.

Doublant le cap Moda-Bourni, nous allons débarquer dans la presqu'île de Fener-Bourni, rendez-vous ordinaire de la population grecque les jours de fête. Nous y arrivions dans un moment fort opportun; c'était un dimanche. Quelques-uns de nos compagnons de voyage que nous avons la chance d'y rencontrer ont la bonté de nous présenter à des familles qu'ils y connaissent, nous en recevons l'accueil le plus empressé et le plus cordial.

Nous étions réunis sur un tertre ombragé de magnifiques arbres, et d'où l'on dominait les eaux tranquilles et bleuâtres de la mer de Marmara. Les îles des Princes, avec leur physionomie pittoresque, apparaissaient devant nous, semblables au mirage du désert; on eût dit qu'elles se balançaient à la surface des flots.

Nous quittons à regret ce site enchanteur, mais les derniers rayons du soleil nous forcent à nous retirer.

Nous nous embarquons; — notre caïc marche d'abord lentement; mais, bientôt rejoint successivement par d'autres embarcations, il lutte de vitesse avec elles, et arrive le premier au port.

20 août. — Constantinople, placée entre deux mers qui la mettent en communication avec le monde entier, occupe une position admirable. Sa température est très-favorable; il n'est pas étonnant que cette métropole de l'islamisme ait toujours été si enviée, et que de nos jours elle le soit encore. Les Perses, les Grecs, les Romains, les musulmans, en dernier lieu les Russes, l'ont tour à tour assiégée. Les arts qui jadis ont dû y être très-florissants, à en juger par ses monuments religieux, y sont aujourd'hui assez délaissés; la médecine elle-même n'y est exercée la plupart du temps que par des marchands qui vendent leurs drogues, charlatans qui pourraient vous tuer impunément.

Je fais emplette de quelques objets qu'on est bien aise de rapporter chez soi, comme souvenir du voyage. Je n'ai point oublié l'essence de rose, l'un des produits les plus précieux. Le commerce des parfums et des aromates est pratiqué habituellement par des Arméniens, population docile et intelligente.

CHAPITRE QUATORZIÈME.

LA MER NOIRE, VARNA, LE DANUBE, ISMAIL, RENNI, GALATZ, IBRAHILOW, SALISTRIA, RUSTUCH, VIDIN, GLADOVA, PORTES DE FER, ORSOVA.

« L'Orient est le pays des rêves et des
« chimères ; on le regrette après l'avoir
« quitté, et cependant on a hâte d'en
« sortir. »

21 août. — J'ai allégé mon bagage le plus possible.

Dix heures. Nous prenons passage à bord du *Fernando Primo*, qui part pour Vienne. Le panorama du Bosphore déroule à nos yeux le charme de toutes ses perspectives.

Quelques moments d'attente à Buyucdéré pour y prendre les dépêches du baron de Sturmer nous permettent d'admirer encore une fois sa superbe villa et celle de l'ambassadeur de Russie, dont l'immense terrasse est chargée de fleurs.

Un rayah arménien (riche négociant), accompagné de sa jeune et jolie femme, a pris passage à notre bord, ils vont à Vienne, où ils se proposent de vivre de leurs revenus. Les parents, les amis et grand nombre de coreligionnaires les ont accompagnés jusqu'ici ; avant de se séparer d'eux, chacun s'empresse d'embrasser plutôt deux fois qu'une l'aimable et charmante Arménienne, beauté sans prétention, au costume modeste et élégant. Le rayah, ennuyé de ces embrassements, et surtout des témoignages d'affection prodigués à sa femme, dissimule mal sa jalousie. Pauvre homme ! quel supplice il se prépare ! Déjà vieux, laid, trapu, disgracieux, le teint pâle et huileux, si sa fortune n'avait été pour rien dans cette union, le choix de cette femme eût été bien bizarre. J'ai cru entendre dire qu'enrichi dans le commerce, son coffre-fort seul lui a valu la main de la belle Arménienne.

Hélas ! ici comme partout, l'argent fait faire bien des sottises. On ne violente pas impunément la nature aux orgueilleux caprices de la fortune, et si on la force de céder, elle sait se venger tôt ou tard.

Après avoir échangé quelques coups de canon avec la terre, nous nous éloignons.

Trois heures, mer Noire. Une tempête affreuse vient nous y surprendre : l'avant et l'arrière du vaisseau plongent tour à tour dans la profondeur de ses eaux. Cruelle nuit, passée sur le pont, attaché à l'un des cordages de la voilure ; une foule de passagers grecs, juifs, turcs, moldaves et russes, dominés par l'instinct de la conservation, mettent de côté tout préjugé religieux, et s'entassent pêle-mêle dans l'entrepont. Leurs visages pâles et livides trahissent le malaise qu'ils éprouvent et le mauvais air qu'ils respirent. Les courants qui traversent la mer Noire, et la mobilité des vents qui règnent sur ses côtes, la rendent extrêmement dangereuse.

22 août. — Au jour, nous découvrons les côtes boisées de la Roumélie, ainsi que les monts Balkans, qui la séparent de la Bulgarie. La mer, quoique plus calme, ne laisse pas d'être encore agitée ; le vaisseau que berce la houle fait entendre par moments de légers craquements.

Deux heures, en rade de Varna. Débarqués avec le capitaine, nous l'accompagnons chez le pacha gouverneur de la ville. Bien que nos passe-ports soient visés SANS PESTE, il ne veut nous recevoir qu'après nous avoir fait subir une fumigation. Il nous fait offrir ensuite des rafraîchissements, attention délicate qui avait d'autant plus d'à-propos que la fumigation nous avait altérés et avait failli nous étouffer.

La conversation, qui d'ordinaire chez les Orientaux est peu prolixe, l'est ici par exception. Le pacha, douloureusement affecté de la mort du sultan, ne cesse de nous adresser une foule de questions par son drogman, il désire surtout connaître l'opinion de la France relativement à la Turquie.

C'est à Varna que le grand Amurat établit, en 1444, la supériorité des armées ottomanes en combattant Ladislas VI, roi de Pologne. Varna, située au bord de la mer, s'étend jusqu'au pied de collines boisées, dernières ramifications des monts Balkans; sa population paraît être d'une trentaine de mille âmes; ses rues, comme celles de toutes les villes turques, étroites et mal pavées, serpentent entre deux files de maisons de chétive apparence dont la monotonie est interrompue par des jardins plantés de beaux arbres. En parcourant les bazars nous y trouvons de belles et bonnes cerises dites de Montmorency.

Varna, entourée de murailles protégées par un fossé inondé, et quelques marais, dut soutenir en 1828 un siége de trois mois contre quatre-vingt mille Russes. Ne devant quitter la rade de Varna que demain dans la journée, nous passons en ville une partie de la soirée. En regagnant notre bord, nous apercevons à la lueur des étoiles de jeunes odalisques qui folâtraient sur la plage : grande est notre surprise lorsqu'arrivés à l'endroit où elles nous sont apparues, elles se sont évanouies comme des ombres sans que nous puissions soupçonner ce qu'elles sont devenues. Si j'avais été seul, j'aurais pu croire à une vision.

23 août. — Venus à Varna de bonne heure, nous avons pu visiter quelques bourgades du voisinage, et considérer d'assez près les premières pentes des Balkans. Ces masses imposantes couvertes de verdure sont d'un difficile accès, à leur base on voit couler de petits ruisseaux qui serpentent à travers des bouquets de bois. Les vallées sont fertiles, on y récolte du blé, et on y élève des troupeaux. La cigogne y vit familièrement avec les animaux domestiques.

Midi. Une chaleur des plus intenses et une poussière impalpable que soulève le vent d'est vient nous assaillir ; nous en sommes tellement incommodés, qu'il nous faut suspendre notre course et rentrer à Varna, d'où nous repartons aussitôt.

24 août. — Deux heures du matin. Le vent fraîchit et agite les cordages de la voilure ; nous devons cela au voisinage du Danube, dont les eaux jaunâtres colorent dès à présent sur une large surface celles de la mer Noire, avec lesquelles elles ont peine à se mêler.

Onze heures. Nous pénétrons dans ce fleuve par la bouche dite Souni ou Soulina. La navigation, bien différente, s'y effectue à travers d'immenses lacs parsemés de petites îles d'une nature marécageuse que côtoient les diverses branches du fleuve. Les grèves de ces îles sont couvertes de cygnes, de hérons, de cormorans, de pélicans, de cigognes, d'oies, de canards, de grues et autres oiseaux aquatiques. Ils nous regardent passer avec la plus grande confiance.

Des postes russes sont échelonnés de distance en distance dans les îles dépendantes de la Bessarabie (Russie méridionale). Juchés dans de petites maisons élevées sur pilotis, ils dominent le niveau des plus grandes eaux. Les factionnaires de cette garde vigilante échangent de quart d'heure en quart d'heure, pendant la nuit des qui-vive! qui, répétés de proche en proche, peuvent transmettre les nouvelles en peu de temps à des distances éloignées.

25 août. — Au point du jour Ismaïl, ville et forteresse russe. Nous nous y arrêterons jusqu'à dix heures. Le pays présente un aspect triste et sombre ; on y voit d'immenses plaines se perdre dans un lointain indéfini, c'est le désert, moins le soleil et la couleur du sable.

26 août. — Minuit, Renni. Cette ville appartient à la Russie ; nous y attendons le jour ; dès qu'il paraît, nous voyons accourir grand nombre de soldats vers le rivage. Leur uniforme n'a pas changé depuis 1814 et 1815, je les retrouve tels qu'ils étaient alors, avec leur longue et ample capote grise et leur large pantalon de même couleur.

Le fleuve mord sur la terre ferme d'une manière effrayante, on peut juger de ses empiétements et de ses dévastations par le cimetière de Renni, dont les terres minées par le pied se sont éboulées dans ses eaux et ont laissé des cercueils à découvert.

Les habitants ont l'air misérable, ils ressemblent à des amphibies ; à les voir naviguer dans de petites barques assez semblables à des pirogues qu'ils gouvernent avec de petites pelles en bois, on se croirait dans quelques contrées de l'Océanie. Ils fuient et disparaissent à notre approche et s'enfoncent dans des massifs de roseaux, de crainte d'être submergés par le remous de notre bateau.

Onze heures, Galatz (Moldavie). Une quantité de bâtiments encombrent le port ; ils viennent chercher des blés, dont il se fait ici un commerce considérable. La ville est encombrée de chariots venus de tous côtés apporter ces céréales. Traînés par des bœufs, aux allures calmes et régulières, ils accélèrent le pas aux approches de la ville ; c'est à qui des conducteurs arrivera le premier au port pour y déposer son chargement, il s'ensuit par moments un désordre et une confusion faciles à comprendre.

Les environs de Galatz, autant qu'il est permis d'en juger par un séjour de quelques heures, m'ont paru fertiles; ils pourraient être mieux cultivés, si l'intérêt personnel stimulait les habitants; ils en tireraient un meilleur parti. Un jour viendra, sans doute, où ces peuples affranchis de toute servitude jouiront en liberté du fruit de leurs travaux. Dieu a fait l'homme libre et non pas esclave.

Huit heures du soir, Ibrahilow (Valachie), nous y passons la nuit.

27 août. — Couchés à bord; nous avons été dévorés par des milliers de moustiques. Quelques passagers n'ont rien vu de mieux à faire pour se débarrasser de ces insectes microscopiques que de se plonger dans l'eau entièrement, et à plusieurs reprises. Ce n'est pas le seul inconvénient particulier à ces contrées; un mal plus dangereux y sévit parfois cruellement, surtout à la suite des chaleurs : les fièvres dites du Danube, dues aux îles marécageuses dont ce fleuve est sillonné dans son long parcours. Les populations riveraines se ressentent de ce voisinage malsain, car on y voit beaucoup de figures pâles et livides. Le vêtement peut contribuer aussi à produire cet effet ; la plupart des hommes ne portent uniquement qu'un large pantalon de toile et une chemise recouverte d'une peau de mouton.

Nous changeons de bateau, et passons à bord de la *Galatée*. Nous nous faisons un devoir de présenter au capitaine du bateau que nous quittons tous nos remercîments pour les soins assidus et bienveillants qu'il nous a donnés.

Quatre heures du soir. Chaque bâtiment lève l'ancre et s'éloigne l'un en amont, l'autre en aval du fleuve. En signe d'adieu, ils échangent quelques salves d'artillerie; le bruit de ces détonations jette l'épouvante parmi les nombreux volatiles qui ont établi leur demeure dans les massifs des roseaux, mêlés d'oseraies, que nous côtoyons. Nous les voyons s'envoler à tire-d'aile, en remplissant l'air de leurs cris perçants.

Nous naviguons en vue des coteaux boisés de la Bulgarie et des steppes immenses de la Valachie; ces provinces autrefois si riches faisaient partie sous les Romains de l'ancienne Dacie.

28 août. — Midi, Hirsova. Ses maisons de

triste apparence sont bâties en terre et couvertes de joncs.

L'un des habitants prend passage à notre bord pour Rustuck. Doué d'un embonpoint prématuré, quoique jeune encore, il porte assez mal le costume franc; il n'a pas de bas et porte ses souliers en pantoufle. Cette chaussure négligée des Turcs a un avantage pour ceux d'entre eux qui ont la funeste habitude (même en public) de se caresser la plante des pieds avec les doigts, ce qui paraît leur faire éprouver une certaine jouissance.

Des Anglais et des Américains, venus par la voie de terre de Constantinople ici, prennent également passage à notre bord; nous en sommes d'autant plus flattés, que la plupart d'entre eux sont des voyageurs distingués qui viennent d'Égypte et de Syrie. On se lie facilement en voyage; il en résulte des causeries instructives et intéressantes, où chacun apporte son petit bagage d'observations et de souvenirs. Nous avons à bord un jeune eunuque, expédié au pacha de Vidin par un marchand d'esclaves de Constantinople; ce petit malheureux, âgé de douze à quinze ans, ignore toute l'importance de la mutilation qu'on lui a fait subir, il se livre à la gaieté la plus vive et irait même trop loin sans l'intervention du capitaine.

Minuit. La navigation devenant impossible par suite de l'obscurité, nous ancrons au milieu du fleuve.

29 août. — Nous partons à trois heures du matin. Sept heures, Salistria (Silistrie), au pied de collines qui bordent la rive droite du Danube. Ses fortifications consistent dans des remparts gazonnés et soutenus par des palissades.

Toute la partie de la Bulgarie qui avoisine le Danube est intéressante, ses sites variés et ses coteaux boisés offrent un magnifique paysage, où l'œil se repose avec ravissement. On y voit d'antiques forêts où croissent des érables et des tilleuls argentés, dont le feuillage contraste agréablement avec la sombre verdure des hôtes séculaires de ces lieux qui servent de retraite à une quantité d'oiseaux de proie, parmi lesquels on remarque l'aigle majestueux, planant dans les airs à des hauteurs immenses. Des troupeaux de bœufs blancs et des chevaux demi-sauvages et de petite taille paissent dans les prairies.

Sept heures du soir, Turtukaï. Nous n'y restons que fort peu de temps. La plupart des passagers passent la nuit couchés sur le pont ne pouvant dormir, je dépense le temps qui serait dû au sommeil à errer dans cette nécropole de vivants. Enveloppé d'un burnous dont la blancheur éclatante s'aperçoit dans la sombre obscurité de la nuit, je suis sans le vouloir un objet d'effroi pour les passagers à moitié endormis, qui me prennent pour un être fantastique, un revenant.

30 août. — Six heures du matin. Nous passons devant Giurgevo, forteresse valaque.

Huit heures, Rustuch. Le capitaine, familier avec ce que la ville peut offrir d'intéressant, veut bien nous y tenir lieu de cicérone.

Le pacha auquel nous allons faire visite nous accueille avec beaucoup de bienveillance, son divan était orné d'armes précieuses, luxe que je n'avais pas encore rencontré chez les Orientaux. L'un de ses officiers nous accompagne à l'arsenal, on y faisait l'exercice du canon, le soldat turc a de l'intelligence, mais il manque d'émulation. Séparez Rustuch de ses monuments religieux dont les flèches couronnant les minarets sont argentées, vous n'aurez qu'un grand village dont l'aspect est misérable : les maisons sont en bois, les rues non pavées sont sales et dégoûtantes, et cependant Rustuch renferme plus de trente mille âmes, elle possède des établissements industriels parmi lesquels on compte plusieurs fabriques de maroquinerie dont les produits sont très-estimés.

Ses bazars, à l'exception de quelques belles pelleteries, ne renferment que des objets de minime valeur; avant de quitter Rustuch, le capitaine nous conduit chez l'un de ses amis, un négociant grec; nous le trouvons au lit fort malade; sa femme des plus intéressantes et d'une beauté remarquable, les yeux baignés de larmes, nous entretient longuement de l'état de son mari, dont la maladie a été provoquée par la peur; elle lui voue ses soins avec un zèle infatigable et un dévouement qui l'honore.

Six heures, Sistow, charmante petite ville perchée sur la cime d'un rocher dont les parois sont tapissées d'une fraîche et riante végétation.

31 août. — Trois heures du matin, Nicopoli. Cette ville, fondée par Trajan et prise par Bajazet, a perdu beaucoup de son importance; de jour en jour elle s'appauvrit.

Oréava, une heure soir. Bien que ce ne soit qu'une insignifiante localité, nous y passons plusieurs heures, ses habitants comptent des familles bohémiennes qui vivent à l'état sédentaire.

Rien de plus curieux et en même temps de plus misérable que la demeure de ces étranges populations ; elles habitent des trous creusés dans la terre, dont l'orifice est à peine fermé par des branches d'arbre et des roseaux ; on en voit sortir des enfants bien portants et de jeunes et jolies filles dont la carnation ne laisse rien à désirer.

Partis à cinq heures, nous atteignons Zibru à dix heures du soir ; peu après le bateau s'arrête pour passer la nuit près de la rive valaque. Plusieurs passagers, descendus à terre, pénètrent dans un village ; les habitants, étonnés de les voir apparaître à pareille heure, se mettent à les poursuivre et les contraignent de se rembarquer.

1er septembre. — A peine fait-il jour que nous nous mettons en route. L'eunuque que nous avions à bord devant nous quitter à Vidin, on lui fait revêtir un joli costume osmanlis pour le présenter au pacha. Dès ce moment, il devient triste et silencieux. Regrette-t-il une liberté dont il a usé si largement et qui va lui être ravie au profit d'un despote ? ou bien appréhende-t-il le harem, où les intrigues et la courbache jouent tour à tour un si vilain rôle ? On se le demande.

Vidin, onze heures du matin. Un chargement important devant s'y effectuer, on nous prévient que nous y passerons la journée ; ceux des voyageurs qui n'ont pour but que de voir et de connaître le pays accueillent cette nouvelle avec joie.

Hussein-Pàcha, l'ancien aga des janissaires et qui les fit mitrailler en 1826, en est le gouverneur. Un personnage aussi audacieux et célèbre ne pouvait manquer d'exciter notre curiosité. A peine débarqués, nous nous acheminons vers sa demeure.

Son palais, assez triste par lui-même, ne paraît pas avoir une grande importance ; il est précédé d'une cour assez vaste et n'a qu'un rez-de-chaussée et un premier étage auquel on arrive par un escalier extérieur ; nous demandons à lui être présentés. Il fallait un prétexte ; notre drogman, d'abord introduit seul, lui exposa qu'étrangers de passage à Vidin, ayant beaucoup entendu parler de lui, nous n'avions point voulu passer sans lui présenter nos hommages; sensible à ce compliment, il consentit à nous recevoir. Tous les hommes sont accessibles à la flatterie.

Hussein est un vieillard de bonne mine au regard vif, au visage grave et expressif; nous le trouvâmes assis sur son divan, savourant avec délices les vapeurs qui s'échappaient d'un narghillé en argent d'un travail précieux. Bien que nous fussions nombreux, car nous n'étions pas moins de douze, compris deux dames, il nous fit offrir à chacun la pipe, le café et les sorbets; ces pipes étaient ornées de brillants d'un grand prix. De nombreux domestiques se tenaient à ses ordres à l'entrée du divan; il lui suffisait de frapper dans les mains pour commander ce qu'il désirait.

Le petit eunuque avait déjà pris possession de sa charge, mais il ne fit pas mine de nous reconnaître; pendant près d'une demi-heure que nous restâmes en visite, Hussein ne fut prodigue de questions; c'est à peine s'il nous adressa la parole quatre à cinq fois. Les deux dames qui nous accompagnaient, témoignant un vif désir de voir son harem, lui en firent la demande, il y accéda de fort bonne grâce.

Sortis de chez le pacha avant ces dames, nous allâmes les attendre dans la cour de son palais; elles nous firent attendre si longtemps, que leurs maris, impatientés, se disposaient à aller les réclamer, lorsque nous les vîmes enfin reparaître. Les reproches conjugaux ne nous permirent d'apprendre pour le moment qu'une seule chose, à savoir que le harem ne renfermait qu'une douzaine de femmes peu jolies et d'un âge avancé. Rien d'extraordinaire alors à ce que Hussein ait eu le désir de conserver le plus longtemps possible deux jeunes et jolies voyageuses.

L'âge n'a point affaibli le caractère de cet homme intrépide. Ce fut lui qui, en parlant des janissaires, dit au sultan Mahmoud : « Si vous « ne tirez pas sur eux, ils tireront sur vous. » Et aussitôt il donna le signal du massacre en faisant feu le premier.

Lorsque le courroux des maris fut apaisé, ces dames nous racontèrent les particularités qu'elles avaient apprises sur le harem qu'elles venaient de visiter. Les femmes de Hussein, comme celle de tous les harems, exemptes de soins domestiques et servies par des esclaves, n'ont aucune autre occupation que leur toilette; leurs journées se passent dans l'oisiveté la plus complète. Elles aiment à recevoir des visites et sont causeuses à l'excès.

Quels soins et quelle éducation peut recevoir la progéniture de mères vivant ainsi dans le harem, sans autre préoccupation qu'une incessante jalousie?

Vidin se distingue par sa forêt de minarets, le quartier habité par le gouverneur est seul fortifié; quant à celui où est situé le port, il est entièrement ouvert; c'est là que se fait le commerce. Les baraques en bois, mal construites qui composent le bazar, sont bien pourvues de produits du pays; les laines y abondent; quoique de qualité inférieure, elles sont recherchées et se vendent avantageusement.

Ce qui m'a paru insupportable dans ces bazars, c'est une odeur fétide des plus désagréables due à la plus grande malpropreté. Les chiens, quoique nombreux, ne suffisent pas au nettoyage de ce cloaque infect où le balai est inconnu.

Le pacha, officiellement prévenu de quelque bonne nouvelle de son gouvernement, fait tirer le canon en signe de réjouissance, notre bord s'associe à cette manifestation.

2 septembre. — Le bateau pesamment chargé se meut lentement et semble consulter ses forces; peu à peu, cependant, se balançant sur sa quille et prenant son élan, il se met en marche. C'est l'heure à laquelle les muezzins appellent les croyants à la première prière du jour. Nous les voyons agiter des drapeaux du haut des minarets; leurs voix perçantes, répétées par les échos, arrivent jusqu'à nous distinctement.

Huit heures. Fiorentini, bourgade d'un effet assez pittoresque. Les bords du Danube deviennent intéressants; ils sont encaissés de coteaux riants, dont les ondulations laissent voir de temps en temps des plaines à perte de vue.

3 septembre. — Trois heures du matin. Nous quittons le sol bulgare pour entrer en Servie. Après une heure d'arrêt au lazaret, établi au point de séparation de ces deux pays, nous continuons notre route.

Quatre heures du soir. Nous rencontrons par

le travers du fleuve les restes d'un pont construit sous Trajan.

Gladova. Sept heures. Nous y couchons.

4 septembre. — Ayant à franchir les Portes de fer dans la matinée, on nous fait déloger du bateau à vapeur et l'on nous embarque dans un long bateau de sapin remorqué par des bœufs. Le fleuve, dont la vitesse en cet endroit est de huit milles à l'heure, est encaissé des deux côtés par des rochers à pic, de forme pyramidale; des récifs s'élèvent au-dessus de son niveau et ne permettent de passer qu'un bateau à la fois et en prenant de grandes précautions.

Pour nous épargner les ennuis d'une navigation aussi lente, on nous permet de débarquer et de suivre à pied les bords du fleuve sous la surveillance de gardes sanitaires. Il nous a été facile, durant cette course, de voir et d'observer la tenue et la mise des femmes serviennes. Grandes et fortes, elles portent un costume gracieux. Leur chemise, dont le col et les épaules sont bordées de broderies de couleurs variées, est serrée par une écharpe à la hauteur des hanches. Elles ont avec cela un jupon d'étoffe rayée assez élégant, et sur la tête, en forme de diadème, un bandeau auquel sont attachées de nombreuses pièces de monnaie.

Onze heures. Tout danger ayant cessé, nous nous rembarquons. Le cours du Danube, dangereux en certains endroits, n'a cependant qu'une vitesse ordinaire.

Midi. New-Orsova. Nous passons entre elle et le fort Saint-Élisabeth, tour carrée munie d'une nombreuse artillerie.

Deux heures. Orsova.

CHAPITRE QUINZIÈME.

ORSOVA, MÉHADIA, DRINKOVA, SEMENDRIA, BELGRADE.

« L'esprit livré à lui-même s'exagère
« les objets et s'en fait souvent un fan-
« tôme. »

Orsova, l'une des dépendances du bannat de Témesvar, appartient à l'Autriche. On y a établi un lazaret où nous devons faire quarantaine avant de passer outre. L'autorité préside à notre débarquement; à mesure que nous quittons le bateau, nous sommes placés sous la surveillance de soldats, l'arme au bras; chacun reconnaît son bagage et le fait charger sur des chariots traînés par des bœufs; ceux d'entre nous qui sont fatigués peuvent monter sur ces chariots; quant aux autres, ils les suivent à pied jusqu'au lazaret, à une demi-heure de la ville.

Arrivés à la Quarantaine, nous y sommes logés par deux, quatre ou six, suivant l'étendue des logements disponibles. Le lazaret, situé à l'extrémité d'une belle plaine, aboutissant à de hautes montagnes, limites du bannat de la Valachie dont elle n'est séparée que par la rivière Cserna, occupe un espace rectangulaire entouré de hautes murailles, dans lequel on a bâti de petites maisons symétriques précédées d'une cour exiguë; elles sont séparées les unes des autres par des murs assez élevés, sans autre communication entre elles que la porte d'entrée donnant sur le chemin de ronde.

A chaque porte, solidement construite et toujours fermée, il existe un guichet par où l'on demande et reçoit du dehors ce dont on peut avoir besoin.

Mon compagnon de voyage et moi, nous fûmes enfermés dans l'une de ces maisons; elles contiennent de deux à trois chambres; il est très-gênant de demeurer deux dans chacune d'elles. Le mobilier se réduit à un lit fort étroit, un matelas et une petite table.

A peine y étions-nous installés que nous vîmes apparaître à notre guichet le raya et sa femme, avec lesquels nous avions voyagé ; ils venaient nous demander à partager notre modeste demeure. C'était là une bonne fortune qu'on ne pouvait refuser. Nous acceptâmes avec grand plaisir. L'état de santé de chacun fut constaté ; notre corps inventorié, on passa à nos effets, afin qu'il fût bien reconnu en sortant du lazaret que nous n'avions rien soustrait aux précautions sanitaires. Pour moi, cet examen fut bientôt terminé, je venais de semer sur la route que j'avais parcourue la majeure partie de mon bagage.

L'heure du dîner arrivée, on nous permet de manger tous ensemble. A défaut de chambre assez vaste (nous sommes plus d'une vingtaine), on dresse une table dans l'une des cours, la plus spacieuse. Le repas est très-gai, malgré la diversité de langues, car presque tous nous étions de nationalités différentes ; l'appétit seul n'était étranger à personne. Les vivres nous viennent du dehors ; chacun est libre de demander à ses frais ce qu'il désire. Des gardiens sanitaires nous surveillent et nous servent en même temps; ils ont bien soin de ne laisser sortir de la maison les objets qui nous ont servi qu'après les avoir passés à l'eau.

Huit heures du soir. Il faut nous séparer pour rentrer chacun chez nous. Pendant la nuit, nous ne cessons d'entendre les qui-vive répétés de quart d'heure en quart d'heure par les sentinelles commises à notre garde.

5 septembre. — On nous communique la consigne. Dès six heures du matin, nous pourrons nous réunir. A midi, nous rentrerons chacun chez nous pour y rester enfermés jusqu'à trois heures du soir. La liberté nous sera ensuite rendue jusqu'à huit heures.

La promenade est peu récréative; elle se borne au chemin de ronde du lazaret et ne doit pas excéder une demi-heure par jour. En nous y promenant vers le soir, nous avons pu voir, à travers des guichets restés ouverts, quelques-unes des personnes dont la quarantaine est antérieure à la nôtre. Il y en avait dont l'aspect était des plus misérables; assis dans la poussière, ils cherchaient les insectes qui les dévoraient.

6 septembre. — Par suite d'une scène aussi fâcheuse que regrettable due au service de la table, nous sommes consignés chacun chez nous et réduits à interroger du regard les fentes de notre porte pour savoir ce qui se passe au dehors.

7 septembre. — Une commission accompagnée de soldats vient s'enquérir de nos griefs; elle nous interroge à travers nos guichets. On eût usé de moins de précautions à l'égard de grands coupables. La montagne va accoucher d'une souris.

8 septembre. — Le colonel Hodges, consul anglais à Belgrade, présentement aux eaux de Méhadia, à vingt verstes d'ici (environ cinq lieues), ayant appris nos démêlés avec l'intendance sanitaire, vient nous voir. Nous lui faisons part de ce qui s'est passé. Loin de partager la susceptibilité culinaire de nos hôtes, il en rit; avant de nous quitter, il nous offre fort gracieusement ses services.

9 septembre. — Le raya nous a éveillés de grand matin; sa femme est en proie à une fièvre des plus violentes, nous en faisons part à l'intendance, qui envoie aussitôt une de ces guérisseuses dont l'usage est encore fréquent dans ces contrées. Ce docteur femelle, après avoir examiné le malade avec attention, prescrit quelques médicaments qui, je l'avoue, triomphent du mal en peu de temps.

10 septembre. — On s'est radouci à notre égard; il nous est accordé deux heures de récréation par jour.

11 septembre. — S'il ne nous est pas donné de nous promener en toute liberté, on ne peut nous empêcher de voir et d'admirer le ciel, qui est d'une beauté et d'une pureté remarquables. Aussi passons-nous de longues soirées dans notre petite cour, ne nous lassant point de contempler dans un muet ravissement les merveilles de la nature.

Quelle harmonie et quelle précision parmi les corps célestes! Quel ordre et quel calme immuable! La lune vient concourir à ce majestueux et admirable spectacle; elle apparaît lentement sur la crête des Alpes transylvaniennes; à peine a-t-elle dessiné son disque, que déjà sa brillante clarté se répand en larges nappes sur notre habitation.

12 et 13 septembre. — Nos heures de récréation ont été bien employées ces deux jours-ci. Nous avons beaucoup conversé. Les voyages ont cela d'agréable, qu'ils améliorent l'homme, développent sa vie et agrandissent le cercle de ses connaissances. De ces colloques entre caractères si divers, où s'échangent des idées souvent si différentes, il ressort toujours quelque chose d'intéressant et d'instructif. On y apprend à redresser ses propres travers et à se faire mutuellement des concessions; la patrie n'est point oubliée dans ces conversations; chacun y préconise la sienne malgré ses imperfections ou même son ingratitude. Tel est le faible du cœur humain.

14 septembre. — L'un des voyageurs arrivé avec nous à la Quarantaine est gravement indisposé. La quarantaine, c'est l'épée de Damoclès, avec cette différence qu'elle ne vous tue pas sur le coup, mais elle peut se prolonger indéfiniment par suite de maladies ayant un caractère réputé pestilentiel.

15 septembre. — Notre quarantaine, qui est de douze jours, expire aujourd'hui.

Cinq heures et demie. Le bruit des verroux se fait entendre; notre porte s'ouvre; c'est le médecin qui vient s'assurer de notre état de santé ; il nous trouve bien portants, nous serre la main et part.

La porte se referme, nous attendons. Six heures. On vient nous annoncer que nous pouvons partir. Chacun saisit son bagage et s'empresse de sortir du lazaret. Arrivés au dehors, nous voyons avec regret qūe trois des nôtres n'en sont pas sortis ; ce sont ceux auxquels on attribue la plus grande part dans nos démêlés avec l'intendance, ils restent détenus et on ne veut pas les relâcher; pourtant, la quarantaine finie, tout devait être oublié.

Le colonel Hodges est encore à Méhadia, je me rappelle ses bonnes dispositions ; je me fais amener à l'instant une légère voiture (dite carrousi) et vais le trouver. Le colonel, dont la bienveillance est infatigable, me donne l'assurance que sous vingt-quatre heures ces messieurs seront en liberté. Je me hâtai de leur transmettre cette bonne nouvelle.

Méhadia, située dans une des charmantes allées des monts Carpathes, n'a qu'une seule rue bordée de chaque côté de maisons et d'hôtels magnifiques. Elle est riche en eaux minérales d'une variété remarquable; on en compte jusqu'à dix-sept dont les propriétés sont différentes; toutes ont leur source dans la ville. Il est rare qu'un malade y vienne sans éprouver quelque soulagement. Beaucoup de militaires sont amenés pour des rhumatismes. J'ai vu de ces malheureux tellement perclus qu'à peine pouvaient-ils se mouvoir, et souvent ils étaient soulagés.

16 septembre. — J'ai parcouru aujourd'hui les environs de Méhadia et suis allé jusqu'à Kornia (douze verstes), trois lieues d'ici. Le sol offre de belles et fertiles vallées, il est accidenté et des plus pittoresques. Les montagnes ont un fort bel aspect; ce sont des masses hérissées de rochers escarpés, dont le sommet est couronné de pins et de mélèzes dont les cimes se perdent dans la nue.

17 septembre. — Je ne quitte pas sans regret cette contrée intéressante, mais mon compagnon de voyage m'attend à Orsova. En y arrivant, j'apprends la libération des trois voyageurs détenus au lazaret.

18 septembre. — La Servie fait suite à la Bulgarie, longe la rive droite du Danube et se continue jusqu'à Belgrade. Le bannat de Témesvar se termine à la même hauteur et occupe la rive gauche.

Un événement affreux, que nous apprenons à notre sortie de quarantaine, nous décide à prendre la voie de terre pour nous rendre à Drinkova (une journée de marche d'ici), où nous trouverons un bateau à vapeur pour continuer de remonter le Danube. Des voyageurs sortis de quarantaine il y a un mois, s'étant embarqués ici sur un bateau remorqué par des bœufs, ont fait naufrage à peu de distance du point de départ, une dizaine d'entre eux ont péri, deux ou trois, assez heureux pour échapper à ce désastre et ramenés à Orsova, furent conduits au lazaret et soumis à une nouvelle quarantaine. De quels tristes souvenirs ne durent pas être accablés ceux qui, en y rentrant, avaient à déplorer la perte d'un parent ou d'un ami!

Nous partons à huit heures du matin. Un pope grec, que nous rencontrons hors la ville, nous demande à faire route avec nous; il se rend aussi à Drinkova. Nous nous félicitons de pouvoir lui être agréable et lui donnons place près de nous, il en paraît fort satisfait; car, sans cela, nous dit-il, j'aurais fait la route à pied.

Nous sommes couchés tous trois sur deux bottes de paille placées en travers d'un léger véhicule, le cocher s'est fabriqué un siége au moyen d'une corde assujettie à chacune des ridelles. Ce cocher, qui est Hongrois, est d'une rare intrépidité, et marche d'un train de poste. Cette vitesse n'étant pas tenable, nous le prions de modérer son allure. Une partie de la route que nous suivons est taillée dans le roc; elle a été, dit-on, percée par Trajan. Le fleuve, que nous ne cessons de voir, continue d'être encaissé et roule ses eaux avec impétuosité. La rive servienne, plus élevée que celle du bannat, est bordée de magnifiques coteaux dont les versants sont couverts de bouquets d'arbres au feuillage extrêmement varié. La nature a départi à ce pays de grands avantages, l'un des plus beaux fleuves du monde le traverse et ouvre un débouché facile à ses produits.

Midi. Nous séjournons plusieurs heures dans un village de peu d'apparence pour y prendre notre repas. De pauvres enfants, couverts de haillons, viennent nous assiéger et nous demander l'aumône; quelques-uns, chétifs et maladifs, appellent leur mère pour les soutenir et les protéger. Il nous parut doux de les rendre heureux pour un instant en leur distribuant une part de nos aliments.

J'ai toujours aimé les pauvres; moi-même je l'ai été. Je ne suis pas de ceux qui refusent toutes les jouissances à la classe malheureuse, qui n'a qu'un tort, celui de ne rien posséder. Est-il rien de plus touchant et de plus digne qu'un honnête et laborieux père de famille aux prises avec la misère?

Faire le bien, c'est se procurer à soi-même un vrai bonheur. Souvent on peut se donner cette jouissance à peu de frais, l'à-propos en fait le mérite.

Le bannat de Témesvar est régi militairement, tout habitant y est soldat. Ce régime, fort ancien, a été imaginé par l'Autriche pour protéger et défendre ses frontières contre les incursions des Turcs et de suppléer ainsi à une armée permanente, toujours si dispendieuse. Il est vrai que c'est là une triste condition pour ces peuples, qui n'en sont dédommagés que par les terres qu'on leur prête. Les motifs qui ont nécessité cet état de choses n'existant plus, on devrait aujourd'hui y mettre un terme.

Sept heures, Drinkova. Nous y comptons quatre maisons. Le bateau qui doit nous porter à Semlim s'y trouve amarré.

19 septembre. — Nous avons passé la nuit à bord; nous y étions plus en sûreté qu'à terre, où rôdent fréquemment des brigands et des ours, ennemis encore plus dangereux.

Onze heures, départ.

Deux heures, New-Moldova, bourgade de peu d'importance; on y voit quelques restes de constructions antiques.

Sept heures, Ram, petite ville fortifiée appartenant à la Servie. Sur la rive opposée, Uypalanka, hameau de cinq ou six maisons; nous y restons une heure; le coteau au pied duquel ce village est bâti est couvert de pruniers à l'état sauvage; plusieurs des passagers vont les visiter, ils ne se contentent pas de manger des prunes, ils en rapportent dans leurs mouchoirs. Ces fruits, naturellement malsains, occasionnent à plusieurs d'entre eux des indigestions qui font du bord une véritable ambulance. Les habitants tirent un parti très-avantageux de ces fruits, ils en font une boisson excellente.

Nous naviguerons toute la nuit.

Onze heures du soir. Par un temps assez obscur, le bateau s'échoue sur un banc de gravier, cette immobilité subite et le mouvement qui en résulte éveillent en sursaut les passagers et jettent le trouble parmi ceux qui sont couchés dans l'entre-pont. A demi vêtus, ils se précipitent et se pressent aux portes, devenues trop étroites pour les laisser sortir, c'est une panique générale, les forts écrasent les faibles ; chacun pour soi, plus d'amis. Les premiers arrivés sur le pont peuvent se convaincre qu'il n'y a aucun danger et s'efforcent pour rassurer ceux qui n'avaient pu y parvenir ; mais l'élan était donné, la peur ne raisonne pas. Lorsque enfin chacun fut bien convaincu qu'il pouvait vivre et dormir en toute sécurité, on se mit à rire et à plaisanter. Que de fausses politesses alors entre gens qui sans pitié se seraient étouffés les uns les autres un instant auparavant!

Les chaloupes furent mises à l'eau, on fit marcher la machine en sens inverse; après une heure d'efforts, le bateau fut dégagé et put continuer sa marche.

20 septembre. — Semendria, l'ancienne capitale de la Servie. Le paysage qui la circonscrit est frais et silencieux, nous y abordons à cinq heures.

Les Turcs passagers à bord devant nous quitter à Belgrade, extrême frontière turque, ils étendent leur petit tapis sur le pont et se mettent à prier, on les voit ensuite disposer leur petit bagage fort peu gênant et d'un transport facile.

Sept heures. Belgrade, célèbre par les différents siéges qu'elle a eu à soutenir; elle est assise sur les flancs d'un mamelon qui descend par une pente douce jusqu'aux rives du Danube et de la Save, où les eaux se mêlent. Ses toits couverts de tuiles rouges frappent agréablement au premier coup d'œil.

Onze heures. Nous quittons le sol servien pour entrer dans l'Esclavonie hongroise; désormais, plus de minarets, le son de la cloche va remplacer la voix du muezzin.

L'horizon s'élargit, nous distinguons de vastes plaines. Le vent nous étant favorable, on met toutes voiles dehors; nous marchons au plus vite.

Semlin, quatre heures du soir.

CHAPITRE SEIZIÈME.

SEMLIN, KARLOVITS, MOHACS, TOLNA, PESTH, BUDE, COMORN, PRESBOURG, ILE LOBAU.

La féodalité cèdera peu à peu au progrès de la civilisation, chaque homme prendra la place qui lui est assignée selon ses facultés intellectuelles.

21 septembre. — Semlin, d'une origine toute récente, me plaît, elle a toutes les apparences de nos villes du nord : rues alignées, places régulières et spacieuses, maisons assez bien bâties, dont les rez-de-chaussée sont occupés par des boutiques bien assorties; cela remplace agréablement les bazars qui absorbent à leur profit le mouvement d'une ville et l'attristent.

Il se fait ici un commerce considérable de pelleteries et de fourrures qui viennent des forêts de la Bosnie, forêts de la plus grande beauté, peuplées de bêtes fauves. Des routes bien entretenues et plantées de mûriers facilitent les communications. Son église grecque est le seul monument que Semlin possède.

22 septembre. — La satisfaction et l'activité règnent ici, tandis que dans la Turquie d'Europe on ne voit qu'apathie et indifférence; pourtant ces peuples respirent le même air et voient luire le même soleil. Évidemment on ne peut attribuer cette différence qu'aux mœurs et aux institutions.

23 septembre. — Bien avant le jour, les apprêts du départ et le clapotement des eaux nous ont éveillés.

Cinq heures. Le bateau se met en marche.

Midi, Karlovits, demeure d'un métropolitain grec. Nous y subissons une chaleur excessive.

Une heure, Pétervardein, place forte édifiée sur une légère éminence.

Toute cette contrée, dont la surface est unie, est très-fertile; on y récolte en abondance des fruits et des légumes.

Sept heures du soir, Illocq.

Le prince Odescalki y possède une propriété

considérable ; son habitation, située sur un monticule, se détache agréablement au milieu des plaines dont elle est entourée.

Minuit, Vuquovar, bourg peu important. Nous y resterons jusqu'à dix heures du matin.

24 septembre. — Le Danube, gêné dans son cours par de petites îles plantées de saules et de gravelins, devient lent et paresseux.

Cinq heures du soir, Mohacs.

C'est à Mohacs qu'en 1526 les Hongrois subirent une défaite complète, dans laquelle périt leur roi Ludovic II, en combattant contre les Turcs. On y montre encore aux voyageurs l'endroit où fut tué ce prince. En visitant le palais de l'archevêché, nous voyons deux tableaux de grande dimension, dont l'un représente ce combat malheureux, et l'autre la victoire de Zringui.

Les jardins de ce manoir féodal sont magnifiques ; j'y ai remarqué des ruches en verre fort intéressantes. Nous avions pour cicérone dans cette visite une famille hongroise de distinction avec laquelle nous avions voyagé sur le Danube.

Ces amis passagers nous procurent une soirée des plus agréables. La femme est charmante. Mère de plusieurs enfants qu'elle a nourris et élevés elle-même, ceux-ci répondent à sa tendresse par mille caresses et les plus vifs témoignages d'affection. Élever ses enfants, les nourrir soi-même, les voir croître sous sa tutelle, c'est le plus grand bonheur pour une mère, car le dévouement maternel, si touchant en lui-même, satisfait les besoins du cœur et le vœu de la nature.

Les doux moments que nous passions en si bonne compagnie sont dans la vie d'heureux événements, dont on ne saurait trop se féliciter. Ce n'est qu'à une heure avancée que nous prenons congé de ces aimables hôtes. Le reste de la nuit nous avons pu compter toutes les heures et entendre le tintement des cloches sonnant l'angelus.

25 septembre. — Partis à six heures.

Les comtes, les barons, les seigneurs doivent être nombreux en Hongrie, car à chaque instant on entend prononcer ces qualifications. Ces messieurs, il faut leur rendre cette justice, sont très-liants, d'un caractère fort gai; ils aiment à rire et à s'amuser. Les dames hongroises ne leur cèdent pas, sous le rapport de l'affabilité; elles ont des façons distinguées, et sont fort aimables. Je me rappelle toujours avec plaisir une passagère à notre bord, qui se rendait de Mohacs à Baja. Dans ce court trajet elle sut se concilier par son bon ton et son charmant caractère la sympathie de tous les voyageurs. Aussi, au débarquement, chacun s'empressa-t-il de lui adresser de gracieux compliments, tout en lui exprimant le regret de la voir partir si vite.

Baja, neuf heures.

Tolna, trois heures du soir.

Huit heures, Pachs, gros bourg; nous y couchons; on y embarque quantité d'animaux aquatiques : grenouilles, tortues, sangsues, etc.

26 septembre. — Départ de grand matin.

Cinq heures, nous découvrons les jolies îles de Sainte-Marguerite.

Erscény, six heures. Des moulins à chapelets s'y trouvent amarrés par le travers du fleuve, et embrassent une partie de son cours; à droite et à gauche se déroulent de riches pâturages.

Midi, Promontorium, rive droite du fleuve. Le sol y est accidenté, de riants coteaux, couverts de vignes, sont adossés à cette localité où l'on récolte d'excellent vin.

Deux heures, Pesth. Avant de quitter le bateau, nous nous empressons de serrer la main et d'adresser nos remercîments au capitaine F..., aimable homme dont nous n'avons eu qu'à nous louer.

Pesth est assis sur la gauche du Danube. C'est une belle ville, riche et commerçante, on y voit des palais, et de magnifiques maisons, ses rues sont spacieuses et régulières ; il y règne un mouvement considérable, et le mélange des diverses nations fait qu'on y parle hongrois, latin, allemand, slave et grec. Le sol n'est élevé que de quelques pieds au-dessus du niveau ordinaire des eaux du fleuve, ce qui l'expose aux inondations. Celle de 1836 y a laissé des traces qui subsistent encore.

Bude ou Offen, ancienne capitale de la Hongrie, s'élève en amphithéâtre sur la rive opposée du fleuve ; son sommet est couronné par le palais du vice-roi, renommé par sa belle situation.

Bude a de belles églises, un observatoire des mieux situé sur le Blochsberg, et des eaux minérales réputées pour leurs effets salutaires. Cette ville passe pour avoir été la résidence d'Attila ; elle n'est séparée de Pesth que par la largeur du fleuve. Ces deux villes communiquent entre elles par un pont de bateaux qui a près d'un kilomètre de longueur.

28 septembre. — Nous avons parcouru aujourd'hui plusieurs des centres agricoles du pays; l'économie rurale laisse ici à désirer, le règne végétal est magnifique. Le bétail de couleur grise, à longues cornes, est d'une beauté remarquable; il en est de même des troupeaux; les chevaux sont de moyenne taille et excellents, les porcs y pullulent, chaque paysan en élève plusieurs. Nous avons traversé la plaine de Rokash où les Hongrois d'autrefois s'assemblaient pour élire leurs rois, plaine fort belle et qui présente un haut intérêt historique. Pendant toute la durée de cette course, qui a absorbé la journée, l'hospitalité hongroise ne nous a pas fait défaut; nous avons rencontré partout l'accueil le plus bienveillant.

29 septembre. — De Pesth à Presbourg par le bateau à vapeur. Dès le début du voyage une intrigue amusante vient nous récréer: une jeune et jolie femme de chambre, mise avec recherche, a su se faire passer pour une dame de qualité. Sa ruse est découverte par un des aspirants qu'elle a évincés; et la voilà condamnée à subir toutes sortes de railleries et de quolibets, dont elle ne se débarrasse que par une complète claustration, où elle expie dans le silence le manége inventé par sa vanité.

Dix heures, Vaitzen, siége d'un évêché ; elle possède une fort belle église, un magnifique séminaire et un arc de triomphe érigé à Marie-Thérèse.

La fertile et belle île de Saint-André borde la droite du fleuve, encaissé dans cette partie du pays par de riants coteaux, couverts de vignes, de prairies et de bois.

Deux heures, Gran. Ici réside le primat catholique de Hongrie. Cette petite ville n'a de remarquable que son hôtel de ville, mais bientôt elle pourra s'enorgueillir d'une cathédrale actuellement en construction, qui promet d'être fort belle.

Sept heures, Komorn, forteresse importante, au confluent du Danube et de la Save.

Les passagers sont devenus si nombreux que, les salons ne suffisant plus pour les contenir, beaucoup sont forcés de passer la nuit sur le pont. Le sort désigne ceux auxquels échoit cette mauvaise fortune ; ceux-ci s'en dédommagent en organisant un bal improvisé. Bientôt les autres passagers, éveillés par le bruit de la danse et le son de la musique, finissent par y prendre part. Les organisateurs de cette fête étaient des jeunes gens riches et désœuvrés, consumant les plus beaux jours de leur existence sans gloire et sans profit : abus déplorable, dont ils sont les premières victimes. C'est de la part des pères une faiblesse que d'abandonner à leurs enfants une fortune qui leur permet de vivre sans travailler ; le travail est la loi de l'humanité, nul n'a le droit de s'en affranchir ; d'ailleurs, un penseur judicieux a dit avec raison : « La richesse tue plus de monde que la pauvreté. »

30 septembre. — Le jour trouve encore le bal plein d'animation ; une pluie torrentielle peut seule y mettre fin.

Les Hongrois ont beaucoup d'entrain et de gaieté ; ils aiment passionnément la danse.

Deux heures, Presbourg.

1er octobre. — Presbourg se trouve dans une situation délicieuse ; on attribue sa fondation aux Iaziges, peuple sarmate. La ville est échelonnée sur une colline, que domine un ancien château dont il ne reste que les murs et les quatre angles.

La cathédrale, où se faisaient couronner autrefois les rois de Hongrie, est surmontée d'un beau clocher; elle est d'une belle architecture gothique.

La Hongrie, quoique faisant partie intégrante de l'Autriche, est régie par une constitution particulière.

2 octobre. — Ici, comme à Pesth, c'est au moyen d'un pont de bateaux qu'on entretient les communications avec la rive droite du fleuve. Il s'y trouve une charmante promenade où sont installés des baladins ou autres spectacles analogues. Attirés par la fusillade et la mousqueterie qui s'y faisait entendre, nous entrons dans une baraque ; on y représentait une bataille dans laquelle les Hongrois combattaient contre des Turcs. Il va sans dire que les premiers sont restés vainqueurs. Cette victoire bien innocente excite parmi les spectateurs de bruyants applaudissements. Le caractère belliqueux de ce peuple se manifeste avec l'ardeur qui lui est naturelle.

3 octobre. — Montés à bord de l'*Arpad*, nous partons pour Vienne.

Neuf heures, nous longeons les monts Carpathes, dont le pied s'étend jusqu'aux eaux du Danube; nous passons à peu de distance de Durrenstein, où fut enfermé Richard Cœur de lion, à son retour de Palestine, par Léopold, duc d'Autriche.

Onze heures, Haimbourg, manufacture impériale de tabac. Les rives du Danube, défendues dans cette partie du pays par des empierrements, sont couverts de jardins anglais dont la vue est agréable.

Six heures, l'île Lobau.

Nous voici en vue de Vienne, terme de la course du bateau et aussi de notre navigation. Chacun se rapproche des siens, on se félicite réciproquement. Quant à nous, nous fussions restés étrangers à ces sympathies, si nous n'avions eu parmi nous, le baron de D... et sa charmante famille, habitant Vienne, dont nous ne saurions oublier les bontés et les soins assidus.

Huit heures. Le bateau s'arrête à l'entrée du Prater, une des plus jolies promenades de Vienne. La douane fait main basse sur nos effets et nous renvoie à demain pour les rendre. Il y a un quart de lieue d'ici aux premières maisons de la ville. Des fiacres et des omnibus d'une installation commode nous y conduisent en peu de temps.

Nous entrons dans cette capitale par le faubourg de Léopoldstadt, quartier magnifique, nouvellement construit, et allons prendre domicile à l'hôtel du prince Charles, rue de Carinthie.

CHAPITRE DIX-SEPTIÈME.

VIENNE, BRUNN, AUSTERLITZ, OLMUTZ.

Il n'y a pas d'âme assez dépourvue d'intelligence pour se refuser à croire qu'il y a un Dieu.

4 octobre. — Les quelques livres que j'avais ont été examinés avec le plus grand soin; chacun d'eux a été ouvert et feuilleté, puis on me les a remis; il n'en a pas été de même d'une boîte en fer-blanc, contenant du tabac de Lataquié. — Cette boîte, me dit un employé, a été saisie pour la forme; en payant un léger droit, elle vous sera restituée. Mais mon tabac avait été flairé, il avait séduit plus d'un amateur. Je ne devais plus le revoir.

5 octobre. — La police est sévère à l'égard

des étrangers, et tient essentiellement à connaître le but de leur voyage ; elle ne leur délivre de permis de séjour que s'ils fournissent une caution, et quelquefois, quoique ayant satisfait à cette formalité, elle le leur refuse.

6, 7, 8, 9, 10, 11, 12 et 13 octobre. — L'Allemagne est tellement connue aujourd'hui, que je me bornerai à esquisser rapidement quelques-unes de ses nombreuses curiosités.

Vienne, rajeunie par ses faubourgs, occupe le centre d'une immense plaine circonscrite au nord par les divers bras du Danube, à l'est par une chaîne de montagnes, sur la pente desquelles se groupent, au milieu de bouquets de verdure, de jolis villages et de belles maisons de campagne. Ses rues, petites et irrégulières, sont néanmoins propres et bien pavées ; celle connue sous le nom de Kolmarck est une des plus fréquentées. Vienne est entourée de fossés et de remparts ; en laissant subsister les fortifications, on les a utilisées en y créant de jolies promenades.

Les faubourgs, plus considérables que la ville, ont aussi un aspect différent, les maisons en sont mieux bâties et les rues plus spacieuses.

Une petite rivière la traverse, pour aller se jeter dans le Danube : c'est la Wien, d'où la ville a pris son nom.

Le palais de l'empereur, désigné sous le nom de *Bourg*, est un vieux bâtiment sans régularité, qui encadre une cour spacieuse de forme rectangulaire sur laquelle donnent les différents corps de garde. Outre l'habitation impériale meublée fort simplement, ce palais renferme des collections scientifiques ; un jardin de peu d'étendue en dépend, près de là se trouve le Volks garten (jardin public), où l'on admire la statue de Thésée (par Canova).

Le palais du prince Charles, voisin de celui de l'Empereur, est aussi des plus simples ; c'est la maison d'un bon bourgeois.

La famille impériale est très-accessible et très-aimée ; elle est patriarcale par excellence. Aussi l'empire a-t-il conservé ici tout son prestige.

Vienne possède de fort belles églises. Saint Étienne sa cathédrale, d'architecture gothique (genre flamboyant), est la plus remarquable. Sa tour est presque aussi haute que celle de Strasbourg ; de son sommet on jouit d'une vue admirable, qui embrasse un immense horizon.

Cette basilique renferme plusieurs tombeaux; les plus curieux sont ceux du prince Eugène de Savoie et celui de l'empereur Frédéric IV, ce dernier étonne le regard par la quantité de petites statuettes dont il est couvert; des chants religieux, soutenus par une musique guerrière, dans un aussi vaste vaisseau, électrisent l'âme et ont un charme indéfini.

L'architecture gothique est par excellence celle du catholicisme; pleine de grandeur et de majesté, elle parle à l'âme, et ne saurait être égalée par aucune autre forme. Il faut se hâter d'admirer ces monuments dont les sculptures retracent l'histoire de l'humanité, car ils tendent à disparaître.

Aujourd'hui les idées ont changé de direction, elles se matérialisent; on ne se passionne plus que pour les intérêts matériels, notre existence est toute terrestre, et nous ne songeons guère au ciel. C'est une tendance dont Dieu seul connaît la portée, et que seul il peut apprécier.

L'église Saint-Pierre, modèle en petit de Saint-Pierre de Rome, est décorée avec beaucoup de magnificence; parmi les mausolées que renferme l'église des Augustins, un surtout, de forme pyramidale, est digne d'admiration : celui de Marie-Christine, femme du prince Albert de Pologne (par Canova). La Vertu, la Force et la Bienfaisance y sont représentées.

A l'église Saint-Charles-Borromée, deux colonnes majestueuses, surmontées d'aigles dorés, décorent la façade, luxe inutile, qui ne parle pas à l'âme et ne s'allie pas aux idées religieuses.

L'église Saint-Michel. Simplicité, modestie; rien ne distingue ce temple catholique au point de vue de l'art.

L'église de Maria-Stiegen, édifice gothique d'un beau caractère.

L'église des Capucins, desservie par des moines de cet ordre, renferme les tombeaux des princes de la maison d'Autriche et le trésor des prêtres.

Conduits par l'un des moines, nous descendons dans les souterrains. Les cercueils sont renfermés dans des sarcophages de cuivre ou de bronze, sans beaucoup d'ornements extérieurs ; le plus beau et le plus riche, par la multiplicité des dessins en relief dont il est couvert, est celui de Marie-Thérèse.

Le dernier empereur, François Ier, repose

près de son petit-fils, le duc de Reichstadt. Avenir brillant, grandeur humaine, rien n'arrête le cruel arrêt du destin. L'épitaphe suivante a été gravée sur le sarcophage de ce jeune prince.

« A l'éternelle mémoire de Joseph-Charles-
« François, duc de Reichstadt, fils de Napoléon,
« empereur des Français, et de Marie-Louise,
« archiduchesse d'Autriche, né à Paris le
« 20 mars 1811.

« Dès son berceau il fut salué du nom de roi
« de Rome; il fut doué de toutes les facultés
« de l'esprit et de tous les avantages du corps,
« sa taille était haute, son visage paré de tous
« les charmes de la jeunesse, ses discours pleins
« d'affabilité; il avait montré une aptitude
« étonnante dans l'étude et l'exercice de l'art
« militaire. Atteint par une maladie de poitrine,
« il a été enlevé par la mort la plus déplorable,
« à Schönbrunn, près de Vienne, le 22 juil-
« let 1832. »

La sacristie de l'église renferme, dans des armoires en fer fixées à la muraille, des châsses de grand prix, enrichies de pierres précieuses, des ciboires, des calices, des ostensoirs, des burettes, etc.

Des diverses places de Vienne, deux seulement ont fixé notre attention : la place Joseph d'abord, ornée de la statue équestre de ce prince, dont le cheval nous a paru d'une grande beauté, puis celle du Graben, sur laquelle on a élevé un monument en marbre, de forme pyramidale, dédié à la Trinité; vierges et séraphins s'y trouvent confondus de la base au sommet. Des théâtres, des musées et de charmantes promenades offrent tour à tour ici d'agréables distractions.

L'arsenal bourgeois possède des costumes anciens fort remarquables, des armures d'un grand prix, et, souvenir précieux aux Viennois, la tête momifiée du visir Kara-Mustapha, Il commandait l'armée turque au siége de Vienne en 1683, et fut étranglé plus tard à Belgrade.

L'arsenal militaire n'est pas moins curieux. Collection considérable d'armes de toutes les époques ; leur arrangement, fait avec beaucoup d'ordre et de symétrie, plaît à l'œil. Les différents trophées sont ornés de drapeaux, guidons, oriflammes pris sur l'ennemi. La France en a fourni quelques-uns. Le custode, sachant que j'étais Français, s'empressa de me faire remarquer le ballon à l'aide duquel les Français reconnurent la position de leurs ennemis à Fleurus. Loin de moi la pensée de diminuer le courage et la bravoure autrichienne; mais qu'est-ce cela, comparé à notre colonne de la grande armée, dont l'Autriche a fourni le bronze?

Quant à ses collections scientifiques et artistiques, l'énumération en serait trop longue. Je n'ai ni le temps ni l'aptitude nécessaire pour un travail semblable. J'ai trouvé les choses les plus intéressantes au palais du Bourg; le trésor, les objets précieux qu'il renferme ne peuvent devenir la propriété d'un particulier; il serait difficile d'en apprécier la valeur, tant sous le rapport de l'art que comme valeur intrinsèque; on peut y contempler des colliers de pierres précieuses, des couronnes, des ordres de la Toison d'or, des diamants, des camées, des vases or et argent dont la ciselure est d'un travail exquis;

La couronne de Charles Ier, roi de France, c'est-à-dire Charlemagne: les pierres qui en composent l'ornement ne sont pas taillées; la couronne elle-même est grossièrement faite, ce qui indiquerait que si l'on combattait bien sous son règne, les arts, en l'an 800, n'étaient guère avancés ;

La couronne que portait Napoléon lors de son couronnement à Milan, avec la devise (Dieu me la donne, gare à qui la touche) ;

Une croix faite du bois de la vraie croix; elle a dix pouces de haut sur sept de large.

On y conserve avec soin le berceau et l'élégante voiture qui ont servi au duc de Reichstadt lorsqu'il était enfant. Ces objets, de fabrique française, ont été apportés ici lors de nos désastres. Futiles souvenirs d'un règne qui a laissé toutefois de glorieux et impérissables souvenirs. J'ai vu aussi avec beaucoup d'intérêt au musée des antiques, connu sous le nom d'*Embrosse*, les armures de Scanderberg, celles d'Alexandre Farnèse, duc de Parme; la hache d'arme de Montézuma, empereur du Mexique, la couronne et l'épée de Charles-Quint, dont la poignée, riche de ciselures, est l'œuvre de Benvenuto Cellini.

14 octobre. — Journée passée à la campagne du baron de D...; nous y avons été accueillis de la manière la plus gracieuse et la plus aimable. Il y avait grande société; à la suite du dîner, on a donné un bal qui s'est prolongé jusqu'à une heure avancée de la nuit.

15 octobre. — Les villages les plus curieux et les plus fréquentés, parmi ceux qui environnent Vienne, sont ceux de Heiligenstadt et de Dobling. Les Viennois et les étrangers s'y rendent journellement, attirés par la musique et les valses délicieuses du célèbre Lanner.

16 octobre. — Une pluie torrentielle chassée par un vent impétueux vient aujourd'hui fondre par rafales sur les fenêtres de notre habitation, et s'y infiltre par des fentes imperceptibles.

Ah! beau ciel d'Orient, que de regrets tu me laisses! Et moi qui avais hâte de le quitter! On a raison de dire que l'homme n'est jamais content.

Quelques-uns de nos compagnons de quarantaine, restés en arrière à Semlin ou à Pesth, viennent d'arriver. La plupart ont éprouvé les fièvres du Danube; mon compagnon de voyage, qui lui-même en avait ressenti quelques atteintes, en a été repris très-vivement hier soir.

17 octobre. — L'influence du climat danubien n'a pas épargné le raya arménien : après la fièvre, il lui est survenu une fluxion de poitrine, dont il n'est pas encore rétabli; en voulant mettre sa fortune à l'abri de l'anarchie turque, qu'il redoutait à la suite de la mort du sultan Mahmoud, il n'avait pas fait la part du climat, ni songé à sa santé, d'une valeur bien plus précieuse que son argent.

18 octobre. — Schönbrunn, à deux lieues de Vienne. Il y a fête aujourd'hui, la route est encombrée de piétons, de cavaliers et de brillants équipages. Les bâtiments de cette résidence impériale, dont la cour d'honneur est ornée de deux obélisques couronnés d'aigles, sont assez simples, les jardins qui en dépendent sont magnifiques.

Le village de Maria-Hitzing, qui en est voisin, est un lieu de délices et d'enchantement, les amusements de la ville s'y trouvent transplantés, on y voit quantité de petits bourgeois et de jeunes et jolies filles vêtues de la manière la plus coquette.

19 octobre. — Le besoin d'argent me conduit à la demeure de M. de Rothschild, mon banquier; les bureaux de ce roi de la finance occupent un logement fort modeste dans une dépendance de l'hôtel romain, près de la place du

Haff. En sortant, je me mets à songer que le Judaïsme se développe lentement, en gardant ses instincts. Ses membres, épars sur la surface du globe, n'ont pas encore oublié les vicissitudes du passé; c'est au temps et à la civilisation qu'il appartient de calmer ces appréhensions.

20 octobre. — Les Viennois sont bons et charitables. On rencontre ici beaucoup d'établissements de bienfaisance; tous les matins, un religieux attaché à l'un d'eux vient solliciter, à l'hôtel, une offrande des nouveaux venus pour ses pauvres malades. Nous allons visiter l'établissement auquel il appartient. Il règne dans cet asile de bienfaisance une grande propreté, de l'air, et les malades sont fort satisfaits des soins intelligents qu'ils y reçoivent. Notre aumône était un bien léger sacrifice comparativement à celui que s'imposent les religieux voués à cette bonne œuvre, vivant constamment au chevet de leurs malades, et toujours prêts à leur porter secours, sans autre récompense que celle du bien qu'ils font.

21 octobre. — Un événement des plus douloureux vient nous attrister : l'un de nos compagnons de quarantaine, M. R..., Américain, avec lequel nous avons passé la soirée d'hier, vient de succomber à une attaque de choléra asiatique. Ce malheureux jeune homme n'avait que vingt-cinq ans; orphelin de père et de mère, il ne lui restait qu'une sœur, qu'il adorait; il se faisait une fête de la revoir et de lui offrir de petits cadeaux achetés à son intention. Quelle désolation, quelle douleur pour cette sœur chérie, qui ne reverra plus celui qu'elle attendait impatiemment!

22 octobre. — Essling et Wagram. A la vue de ces champs de bataille, que d'impressions et de souvenirs émouvants!

Essling, où eut lieu, le 22 mai 1809, cette sanglante bataille qui faillit devenir si funeste à la France, par suite de la rupture des ponts jetés sur le Danube pour maintenir les communications avec l'île Lobau, où avaient été groupées de nombreuses réserves qui ne purent être utilisées.

Wagram, plus avancé dans les terres, est un village de peu d'importance qui n'est devenu célèbre que depuis la bataille gagnée par Napoléon le 6 juillet 1809.

Que sont devenus ces hommes héroïques?

Un morne silence règne sur ces plaines où ils ont combattu, le temps a anéanti les nombreuses légions qui s'y sont entre-choquées. Le paisible laboureur remue avec insouciance ce sol abreuvé de sang.

23 octobre. — Baden et ses environs nous promettent pour aujourd'hui une excursion des plus intéressantes. Distante de quelques lieues de Vienne, cette petite ville, assise sur la pente septentrionale du Calvarienberg, possède des eaux minérales, qui, dans la saison, lui amènent de nombreux baigneurs. Les femmes, dont la mise est des plus gracieuses, y sont jolies ; elles portent pour la plupart un corsage rouge orné de larges rubans de velours noir, un jupon court bordé, et un joli chapeau de paille, dont les bords abritent leur teint rosé.

Dix heures. Nous quittons ce séjour délicieux.

Onze heures. Nous longeons les dépendances extérieures du château de Weilbourg, propriété de l'archiduc Charles. Le site en est des plus séduisants et des plus pittoresques.

Midi. Rauchenstein ; il ne reste que des ruines, qui se confondent et se perdent dans un fouillis de végétation luxuriante.

Midi et demi. Au couvent d'Héligenkreuz; les bâtiments sont considérables, on dirait un vaste manoir; l'église est fort jolie, et son trésor possède de grandes richesses. Nous sommes introduits dans le réfectoire; c'est l'heure du dîner; les moines sont à table; malgré la frugalité de leur ordinaire, la satisfaction et la santé sont peintes sur leur visage.

Trois heures. Dans le Brulh, c'est la petite Suisse Viennoise. De charmantes habitations embellissent son sol accidenté par de riants coteaux.

24 octobre. — Au moment de quitter, pour ne plus les revoir, les amis et compagnons de voyage de R..., qui doivent eux-mêmes retourner sous peu en Amérique, nous avons tous assisté aujourd'hui à une messe de repos dite à l'église Saint-Pierre à l'intention de cet ami défunt. Bien que la religion catholique ne nous soit commune, nous avons l'espoir que Dieu, dans sa divine sagesse et son infinie miséricorde, ne verra que la prière et ne s'arrêtera aux dissidences de culte qui peuvent séparer ses enfants.

25 et 26 octobre. — La fièvre n'a pas encore quitté mon compagnon de voyage malgré les soins qu'il n'a cessé de recevoir ; le moyen le plus sûr de lui échapper, c'est de s'éloigner du lieu où on l'a contractée. Nous sommes bien décidés à partir aussitôt que son état le permettra; dans un cercle intime on combat facilement les idées tristes, dans l'isolement il n'en est pas de même. Nous attendrons.

27 octobre. — Passé plusieurs heures à la Bibliothèque; j'y ai lu sur quelques pages d'un ouvrage ayant pour titre : *Pèlerinage en terre sainte*, par Dovbon, chanoine de Saint-Denis, 1652.

L'indifférence en matière religieuse a fait de grands progrès depuis cette époque. La religion catholique a eu beaucoup à souffrir, elle souffrira encore; mais elle ne peut disparaître, pas plus que la morale, vertu ineffaçable; après les orages politiques, les sociétés se reconstituant courent après elle, comme étant leur palladium le plus puissant.

28 octobre. — Mon excellent et bien digne ami, M. Charles Malicet, avait eu l'obligeance de me remettre, à mon départ de Paris, une lettre de recommandation pour l'un de ses amis, le docteur G..., qui habite Vienne; ce n'est qu'aujourd'hui que j'ai pu lui remettre la lettre que je transcris ici :

« Je ne saurais, mon cher G..., laisser aujourd'hui partir pour Vienne un de mes bons amis, M. Morot, que vous avez eu, je crois, quelquefois l'occasion de voir avec moi à Paris, sans éprouver le besoin de l'introduire auprès de vous, afin qu'il y devienne le fidèle interprète des sentiments d'affection que je vous porte, et puisse vous confirmer verbalement ce que vous disait la lettre que je vous écrivais il y a environ un mois, de la douceur de mes souvenirs de Vienne et du prix que j'attache à l'entretien de mes rapports avec vous. C'est qu'en vérité, mon cher G..., j'ai trop appris pendant ce séjour de Vienne à vous connaître pour que votre amitié ne me soit pas aujourd'hui bien chère, et que je ne la considère comme une des bonnes fortunes de mes longs voyages.

« Sûr de vos sentiments pour moi, je n'hésite donc pas à vous recommander mon camarade Morot, et vous prie de lui rendre tous les services, lui fournir tous les renseignements qu'il pourrait réclamer de votre aimable obligeance, en un mot faire pour lui ce que vous feriez pour moi-même.

« C'est un ami sincère et dévoué, dont vous ferez, j'en suis sûr, la connaissance avec grand plaisir. Il se rend en ce moment en Orient, et c'est à son retour qu'il verra Vienne et une partie de l'Allemagne. Que ne puis-je, mon cher G..., l'accompagner, et revoir avec vous ces belles Alpes Noriques dont j'étais si amoureux! Mais c'est encore partie remise, et je ne puis aujourd'hui que charger cet ami de me rapporter de vos nouvelles, et de vous réitérer l'assurance des sentiments bien affectueux que je vous porte. « CH. MALICET. »

29 octobre. — Le docteur G... m'a été des plus sympathiques, son accueil m'a été fort agréable.

En venant me voir ce matin, il a bien voulu visiter notre malade et me promettre de lui donner ses soins.

Voulant me faire connaître la maison des Enfants assistés qu'administre un de ses amis, il me prie de l'y accompagner. A l'aspect de ces mères groupées les unes auprès des autres, et tenant leurs nourrissons dans les bras, on croirait voir une seule et même famille. Ici, la bienfaisance et la charité sont pratiquées dans leur plus large acception; cet établissement est digne d'éloges sous tous les rapports.

30 octobre. — Notre malade allant mieux, je profite des quelques jours qu'exige sa convalescence pour aller en Moravie, visiter Brunn et Olmutz.

Parti à six heures du matin par la voie ferrée, je traverse les champs de bataille de Wagram et d'Essling; le petit clocher de Wagram, qui a survécu aux désastres dont il a été témoin, domine la plaine, et pourrait encore servir de point de mire à de nombreuses légions, et leur dire : Allez, combattez ; tout chétif que je sois, vous périrez encore avant moi. Les idées que je représente, même sans défense, dureront plus que les vôtres.

Deux accidents survenus dans le voyage nous ont retardés : l'essieu d'un wagon s'est brisé, puis, aux deux tiers de la route, la voie ayant été interceptée par une pluie diluvienne, nous avons dû mettre pied à terre pour aller rejoindre un autre train.

Brunn, quatre heures du soir.

1er novembre. — Brunn, sur les versants d'une riante colline entre les rivières Schwarza et Mittava, ne manque pas d'intérêt, malgré l'irrégularité de ses rues et la variété de ses constructions ; il y règne un mouvement qui plaît et ne vous laisse pas seul, à chaque coin de rue ; c'est d'un aspect agréable ; son hôtel de ville, son église Saint-Jacques, celle des Augustins, renommée par son autel en argent surmonté de la statue de la Vierge, sont des monuments remarquables.

Sur l'une de ses promenades, d'où l'on découvre le village et le champ de bataille d'Austerlitz, on a élevé un obélisque en marbre à la gloire des armées autrichiennes, campagnes de 1813 et 1814.

Le commerce de Brunn consiste principalement dans la fabrication des draps et autres étoffes de laine, dont les produits sont très-estimés.

2 novembre. — J'ai dû à l'obligeance de mon hôte de voir la prison du Spielberg, illustrée par la captivité de Silvio Pellico. Triste séjour, foyer de misères humaines. Des prisonniers plus hardis que repentants s'empressent d'offrir aux visiteurs les petits produits de leur industrie en échange de quelques pièces de monnaie; d'autres, plus réservés et plus silencieux, restent accroupis contre les murs. Ceux-là ne sollicitent rien, c'est donc qu'ils n'espèrent plus. « L'homme souffre et périt souvent par sa faute », a dit Bacon. Cet axiome, pour être ancien, n'en reste pas moins toujours vrai.

3 novembre. — Avant de pousser jusqu'à Olmutz, j'ai désiré voir le champ de bataille d'Austerlitz.

Le soleil y brillait comme le jour de la bataille des trois empereurs, le 2 décembre 1805.

Conduit par un guide, j'en parcours les points les plus importants : les hauteurs de Pratzen, où la victoire fut décidée, et les bords du lac Moenitz, dans lequel s'enfoncèrent pour ne plus reparaître des bataillons entiers de soldats russes, traînant à leur suite un matériel considérable.

Des recherches opérées chaque jour dans ce lac font retrouver des objets curieux, débris d'armes, cuirasses, boulets, etc.

Pourquoi l'esprit humain, surexcité et semblable à un volcan que rien ne saurait arrêter, pousse-t-il les populations à se ruer les unes contre les autres, et à s'entretuer le plus souvent sans raison ou pour des motifs frivoles! Ces tempêtes humaines désolent l'humanité et sont la honte de la civilisation. Béni soit l'homme qui un jour mettra fin à ces boucheries humaines!

J'ai quitté Austerlitz vers le soir, pour venir coucher à Wischau.

4 novembre. — La voiture roule lentement, des nuages moutonneux se sont amoncelés à l'horizon, les oiseaux se taisent et s'abritent par volées sous des restes de feuillées; c'est l'annonce de l'hiver.

J'ai dîné dans une auberge de village. Honnête famille, charmants enfants, vivant à la fois du produit de l'auberge et de la culture des champs. Heureuses gens! Le travail développe les facultés de l'homme, la vue des œuvres de Dieu élève son cœur et son esprit.

5 novembre. — Olmutz, ancienne capitale de la Moravie, arrosée par la March. Ses fortifications et sa citadelle en font une place de guerre importante. C'est là que, lors des guerres de la

République, fut enfermé le général Lafayette. Elle est bien bâtie, elle a des fontaines élégantes, sa vieille cathédrale et son hôtel de ville sont de beaux édifices.

6 et 7 novembre. — Olmutz, Brunn, Vienne.

8 *novembre.* Vienne. — Nous allons dire adieu aux hôtes aimables qui ont bien voulu nous accueillir pendant notre séjour ici; nous ne saurions oublier le baron de D..., l'excellent G..., que je regrette d'avoir connu trop tard, et la famille arménienne, dont la santé laisse encore à désirer. Celle-ci aspire à retourner dans sa patrie, espérant y retrouver la santé qu'elle a perdue et qu'aucune fortune ne saurait remplacer.

9 novembre. — Midi. Nous quittons la délicieuse et charmante ville de Vienne et nos excellents amis. C'est une bonne fortune que d'avoir de pareilles relations lorsqu'on habite le pays et qu'on est à même de les cultiver; mais pour un voyageur dont le départ est toujours trop prompt, c'est un sujet de regrets sincères. La vie, sans affection, serait d'une tristesse désespérante, car le cœur a besoin d'aimer.

CHAPITRE DIX-HUITIÈME.

SAINT-POLTEN, LINZ, GMUNDEN, ISCHL, SALZBOURG, HALLEIN, INSPRUCK.

> Un voile impénétrable couvre le monde et cache la main puissante qui veille à sa conservation.

La tristesse des adieux trouve quelque compensation dans le plaisir que nous éprouvons à nous remettre en route. Le ciel est pur, le vent du nord souffle, c'est un temps merveilleux pour voyager. La route est agréable, de moyenne largeur ; bordée de peupliers, de pruniers et de sorbiers, elle est bien entretenue. A chaque descente, un poteau indicateur avertit le conducteur des précautions à prendre pour la sûreté des voyageurs, et en même temps l'instruit de l'amende qu'il encourt s'il ne s'y conforme pas. Je me plais à reconnaître dans ces précautions la sagesse, la ponctualité et la prudence allemandes.

Le sol accidenté nous offre à chaque pas des sites agréables; les terres sont bien cultivées, les villages bien bâtis et fort propres; tout y respire l'aisance et le bonheur.

Neuf heures, Saint-Polten. Nous en partons à dix heures. A quelque distance de Saint-Polten le pays change d'aspect, des massifs de sapins viennent en assombrir le paysage. Nous voyagerons toute la nuit.

10 novembre. — Ens, huit heures du matin. Il y fait un brouillard tellement épais que c'est à peine si nous pouvons nous diriger. Nous y restons assez de temps pour le voir se dissiper, ce qui nous permet de parcourir cette petite ville, coquettement assise sur une légère éminence dont les pentes inférieures descendent jusqu'aux eaux de la rivière de son nom.

11 heures, Eberberg, gros bourg devenu célèbre par une victoire remportée par Masséna sur l'armée autrichienne.

Midi, Linz, capitale de la haute Autriche.

11 novembre. — La paix porte ses fruits :

on ne voit ici que bâtiments et édifices en construction. Les faubourgs de Linz sont beaucoup plus beaux que la ville, qui, immobile dans son étroite enceinte, a conservé ses pignons extérieurs, avec ses rues petites et étroites. Fortifiée d'après un nouveau système dû au prince Maximilien, elle est ceinte de forts détachés, espacés régulièrement sans mur continu : ce sont ses seuls moyens de défense. Les jésuites possèdent ici un couvent fort remarquable par sa situation des mieux choisies, sur une éminence au nord de la ville. J'ai eu la curiosité de le visiter ; lorsque j'y arrivai, un jeune auditoire nombreux et recueilli chantait les louanges du Seigneur. La pureté de ces voix juvéniles dans ce lieu rapproché de Dieu me causa une impression des plus profondes et des plus agréables.

12 novembre. — Nous avons dû retarder d'un jour notre départ, par suite d'une invitation qui nous a été faite d'assister à un bal donné par la ville au commandant de la place.

Le bal a été on ne peut plus brillant; les dames de Linz, réputées à bon droit pour leur beauté et leur amabilité, en ont fait les honneurs avec beaucoup de grâce.

13 novembre. — Parti de grand matin pour Ischl, par le chemin de fer de Gmunden. Sur cette voie on ne se sert point de locomotives; c'est un *tramway;* des chevaux remorquent les wagons et font quatre lieues à l'heure; cette vitesse moyenne nous permet de voir et d'observer le pays à notre aise. J'éprouve une véritable félicité à voyager de la sorte, cette allure est bien préférable à celle des machines à vapeur, qui vous emportent comme la foudre et ne vous laissent souvent, pour tout souvenir de voyage, que la satisfaction d'avoir échappé au sort d'Hippolyte, ce fils rebelle du Soleil.

Dix heures, Wels, gros bourg de douze à quinze cents âmes. Les maisons y sont propres et bien badigeonnées, tout y respire l'aisance.

Nous longeons les murs du cimetière, j'ai rarement vu des tombes aussi bien entretenues, chacune d'elles ressemble à un petit carré de jardin orné de fleurs; il ne se passe ni dimanche ni fête, que ces bons villageois ne viennent, accompagnés de leurs enfants, prier au tombeau de leurs pères, coutume touchante et chrétienne, tradition admirable malheureusement trop délaissée de nos jours. Cela me rappelle mes jeunes ans : lorsque j'habitais avec mon père et ma mère, tous les dimanches, à la sortie de la messe, ma bonne et pieuse mère me prenait par la main, me conduisait au cimetière contournant l'église du village, et là, me faisant agenouiller près d'elle, sur la tombe de ma grand'mère, elle me disait de prier avec elle.

Le cimetière, c'est l'histoire du village; au moyen des inscriptions qui s'y conservent, chacun peut y lire la généalogie de sa famille; si le temps brise et détruit ces souvenirs extérieurs, la place reste, elle est sacrée, et chacun peut encore se dire longtemps : « Voilà le lieu où reposent mes ancêtres. »

Midi. Le Traun, rivière torrentueuse, dont les rives encaissées se cachent et se perdent fréquemment sous l'épais feuillage de pins séculaires. Avant de la traverser, nous nous arrêtons à sa superbe cascade; elle vous assourdit par la chute de ses eaux, qui se précipitent avec violence dans un gouffre d'où s'échappe un nuage humide, souvent funeste au voyageur trop empressé.

Deux heures, Gmunden, petite ville charmante sur les bords du lac de ce nom.

Trois heures. Nous prenons passage à bord du bateau à vapeur la *Duchesse-Sophie*, allant à Ébensé; nous y arrivons encore assez à temps pour visiter le vaste et magnifique établissement destiné à l'épuration des sels.

Un heureux hasard nous permet de voir l'ex-impératrice Marie-Louise ; elle vient de Gmunden et se rend à Ischl ; sa présence n'excite aucun intérêt. Pauvre princesse! le temps ne l'a pas plus épargnée que les révolutions politiques. Sa figure, si fraîche et si riante autrefois, est triste et ridée; sa peau si blanche est devenue jaunâtre, sa taille svelte et élancée s'est voûtée. C'est une ruine.

Sept heures. Nous poursuivons notre route. Le chemin que nous suivons longe les bords du Traun; son cours, utilisé par de nombreuses scieries, est encaissé par les Alpes Noriques, dont les revers et les sommets sont couverts de pins et de mélèzes.

Ischl, dix heures du soir.

Nous avons peine à nous y loger; nous sommes obligés de nous contenter, pour la nuit, d'un mauvais grabat qui nous est offert dans une auberge. L'arrivée de l'ex-impératrice ne provoque aucune manifestation, une seule maison est illuminée : celle où elle est descendue.

14 novembre. — Ischl, renommée par ses eaux minérales, est située au confluent de deux petites rivières, au milieu de montagnes dont les flancs, couverts d'une épaisse verdure, nourrissent de nombreux troupeaux ; végétation tardive due à la fraîcheur naturelle du sol et aux vapeurs qui s'en élèvent.

15 novembre. — Neuf heures. Nous quittons Ischl pour nous rendre à Salzbourg. Les communications entre ces deux villes n'étant pas très-actives, nous avons dû louer une voiture de poste.

La route, des plus agréables, serpente tour à tour sur les versants ou sur la crête des Alpes; le pays, par son magnifique paysage et l'aspect qui varie suivant la couleur du ciel, est accidenté de prairies, de lacs, de grands arbres et de chutes d'eau.

Nous traversons Gilgen et Hof, deux villages. A cette dernière station, nous sommes assaillis par une tempête affreuse, la lumière du jour se change en une clarté ténébreuse, des tourbillons de poussière passent et repassent sous nos yeux. Ce spectacle, aussi beau qu'effrayant, attriste l'âme et prêterait aux visions et aux charmes, si on devait encore y croire; c'est à grand'peine que nous parvenons à atteindre la poste, où nous trouvons un abri. Quant à notre voiture laissée dehors, après avoir dételé les chevaux, nous en enrayons les roues, afin d'éviter qu'elle ne soit entraînée dans de profondes ravines. Après deux heures de transe et d'inquiétude, cette tourmente paraissant s'apaiser, nous eussions désiré continuer notre route; mais le maître de poste, juste appréciateur des dangers que nous pourrons courir, nous en dissuade, ce n'est qu'à sept heures du soir que nous partons.

A peine avions-nous perdu de vue le relais, que la pluie se met à tomber d'une manière effrayante; ce sont des torrents qui fondent sur nous, pour rouler ensuite en mugissant dans les vallées qui bordent la route. Les chevaux résistent au fouet et ne veulent plus avancer, il faut descendre de la voiture pour en faciliter la marche.

Salzbourg, *16 novembre.* — La journée d'aujourd'hui semble vouloir nous dédommager de celle d'hier; le soleil se montre radieux, les eaux de la rivière, grossies par la pluie, ont pris une teinte rougeâtre et sont écumeuses, elles coulent avec rapidité, entraînant avec elles des débris d'avalanches.

Salzbourg, patrie de Mozart, l'auteu de *Don Juan*, offre un aspect curieux et intéressant; partagée en deux parties inégales par la rivière de la Salza, elle s'étend sur chacun des côtés jusqu'aux collines boisées qui la bordent; ses maisons sont construites à l'italienne; sa cathédrale, à laquelle on peut reprocher d'être trop massive, n'est pas sans mérite. L'église Saint-Pierre possède de belles fresques, l'hôpital Saint-Jean, où la charité, cette vertu si douce et si méritoire, accueille avec bienveillance tous les malheureux qui viennent l'implorer, présente aussi quelques restes d'antiquités romaines.

La place de la Cour est ornée d'une magnifique fontaine; trois statues de grandeur naturelle, adossées les unes aux autres, supportent une vasque de forme ronde, dont l'eau se déverse en larges nappes dans tout son pourtour, pour tomber ensuite dans un vaste bassin circulaire d'où s'élancent quatre chevaux marins qui lancent l'eau par les naseaux. Un tunnel d'une longueur de cent trente-huit mètres sur une largeur de huit mètres, taillé dans un rocher, est une porte fort commode et fort agréable pour la ville. Ce travail grand et vaste pour le temps où il a été fait, a été exécuté sous l'archevêque Sigismond, dont la statue en marbre décore la partie supérieure de cette ouverture.

17 novembre. — Château fort de Salzbourg. De tous les points de cette forteresse, une vue immense s'offre au regard, l'œil s'y égare avec ravissement sur un vaste panorama dans lequel on peut admirer successivement les scènes imposantes d'une nature âpre et sauvage.

Ce château renferme de nombreuses et magnifiques curiosités ; ce sont des armures du moyen âge, des portraits, d'anciens vitraux, quelques instruments de torture et des objets qui rappellent les siècles de la chevalerie.

18 et 19 novembre. — Aux richesses extérieures du sol viennent s'ajouter des richesses d'une autre nature : ce sont des mines de sel, cristallisations dont le pauvre jouit comme le riche, et toujours à la mode; leur gisement est situé sous la montagne de Durrenberg, à environ quatre lieues d'ici. Résolu à les visiter, mon compagnon de voyage ne peut m'accompagner, j'y vais seul avec un guide. Parti d'ici en voiture à huit heures du matin, j'arrive à Hallein vers dix heures. Hallein est une petite ville au pied du Durrenberg; c'est là qu'a lieu l'épuration des sels; l'eau saturée de ce minerai y arrive au moyen de conduits souterrains construits à l'aide de sapins creusés par le milieu et ajustés les uns au bout des autres.

Après avoir jeté un coup d'œil rapide sur cet établissement, je me mets à gravir le Durrenberg. Parvenu au sommet, on me permet de visiter la mine; mais avant d'y pénétrer, je dois revêtir le costume de mineur, veste et pantalon blanc, tablier et gants de cuir; mon guide en fait autant, on nous donne à chacun une lumière. Un mineur marche en avant, un second nous suit, nous partons pour les profondeurs de la terre. Après avoir suivi pendant près d'une demi-heure une galerie souterraine, étroite et basse, bordée de chaque côté de pièces de bois dressées, et s'appuyant à angle droit par leur sommet afin de soutenir les terres et empêcher les éboulements, nous arrivons à une place circulaire. On nous montre, à l'orifice d'une issue obscure et étroite, s'enfonçant perpendiculairement, deux sapins fort longs, bien unis et bien lisses, posés à six pouces l'un de l'autre, dans une direction parallèle et s'appuyant sur un plan incliné ; c'est l'escalier qui descend au fond de la mine ; il est simple et ingénieux, c'est une échelle sans échelons, véritable glissoire.

Le mineur qui marche en avant s'y installe le premier : avant de suivre son exemple, il nous donne ses instructions : « Couchez-vous « entre les deux sapins ; tenez les jambes al- « longées, et autant que possible maintenez-les « sur les sapins, afin de garder l'équilibre. Que « votre tablier, placé sous votre derrière, soit « surtout bien assujetti ; autrement gare aux « fesses ! Prenez d'une main la corde qui tient « lieu de rampe, en la pressant plus ou moins, « vous modérerez la vitesse ; de l'autre main « tenez avec soin votre lumière. »

Ainsi bien averti, chacun se laisse glisser, et en quelques secondes nous arrivons à une très-grande profondeur. Nous recommençons à quatre reprises cette descente souterraine avant de parvenir à l'endroit où travaillaient les mineurs.

Une fois dans la mine, j'en parcours les différentes galeries ; elles sont taillées dans le sel à angle droit, vastes et éclairées par des lampes dont la lumière scintille faiblement. Sous ces voûtes scintillantes règne un silence religieux qui n'est troublé de loin en loin que par le bruit de la pioche; des lacs, ou réservoirs, alimentés par des sources d'eau douce, servent à dissoudre le minerai. Lorsque l'eau a atteint le degré de salure nécessaire, elle est dirigée sur Hallein au moyen des conduits dont j'ai parlé. Je traverse l'un de ces lacs en bateau ; de quelque côté qu'on se tourne ce sont des filons de sel aux couleurs variées ; plusieurs morceaux assez volumineux m'ayant été offerts, j'ai pu les rapporter jusqu'à Salzbourg. On est saisi, dans ces souterrains, d'un froid glacial : aussi ne comprend-on pas que des êtres humains puissent y passer une partie de leur vie, et cela pour un si modique salaire.

Pour sortir de ce labyrinthe nous n'avons pas eu besoin de revenir sur nos pas; il nous a suffi d'enfourcher un véhicule fort ingénieux, à savoir un banc dont les pieds sont garnis de roulettes adaptées à des rails; le mouvement de jambes d'un seul homme suffit pour vous donner l'impulsion et vous chasser hors des terres avec une rapidité effrayante par une galerie pratiquée dans le roc vif, dont la longueur est 1450 toises, près de trois quarts de lieue; un quart d'heure suffit pour la parcourir. Pendant cette course rapide il faut avoir la précaution de tenir la tête immobile, autrement elle se briserait contre les parois trop abaissées de la galerie. Quand on sort de ces souterrains, on regarde avec surprise le sommet de la montagne d'où l'on est descendu comme par enchantement.

La profondeur perpendiculaire de la mine est, m'a-t-on dit, de 270 toises.

20 novembre. — Mon compagnon de voyage, moins pressé que moi de regagner ses pénates, demeurera ici quelques jours en compagnie d'amis qu'il y a rencontrés. Habitués comme nous l'étions à voyager ensemble, cette séparation ne laisse pas de m'être pénible.

Parti à trois heures du soir, je m'arrête à Teisendorf pour y changer de chevaux.

Neuf heures, Kraunstein. Un air de bonté et bienveillance en distingue les habitants. L'arrivée d'une voiture est un événement pour ces braves campagnards ; ils viennent se mêler aux voyageurs et causer avec eux.

Je traverse successivement Seebruck, Ronsenheim, où je franchis l'Inn, Aibling, Feldkirchen, Peis, Heichenkirchen et Perlac.

A partir d'ici l'aspect du pays n'est plus le même, le sol devient uni et sans accident.

21 novembre. — Munich, deux heures du soir. Je n'y passerai que la nuit, désirant pousser jusques à Inspruck, avant d'y séjourner.

22 novembre. — La route qui mène à Inspruck est fort belle, elle court sur un plan uni, puis en se rapprochant du Tyrol elle s'accidente et serpente à travers de petites collines qui grandissent et s'étagent à mesure qu'on atteint la région de montagnes plus élevées. Le Tyrol montre alors des pics déjà couverts de neige, et, à leur pied, ses belles et fertiles vallées, à la physionomie sévère et sombre. A cette hauteur, où le silence se fait dans la nature, et où l'eau cesse de couler, j'ai peine à me défendre d'une légère brise chassant vers moi de légères vapeurs qui rampent, tournoient sur ma tête, et parfois m'enveloppent en entier comme un linceul mouvant; des bœufs courbés sous le joug ont peine à retenir sur ces pentes escarpées des chariots chargés de bois.

23 novembre. — Au jour, je découvre des pelouses encore bien vertes, avec leurs chalets, demeures aériennes éparses çà et là; elles sont habitées par des populations qui, restées fidèles à des habitudes d'ordre et de travail, y vivent fort heureusement.

Huit heures du matin, Inspruck. Ses clochers élancés, ses toits à larges bords, ses maisons à arcades lui donnent un cachet particulier; une longue et belle rue qui traverse la ville est arrosée dans toute sa longueur par un ruisseau d'eau vive; parmi ses églises il en est de fort belles.

24 novembre. — J'ai pu voir, à une lieue d'Inspruck, un château fort remarquable par sa position au milieu d'un paysage d'une sauvage magnificence. On n'aperçoit que monts gigantesques, masses pyramidales, chargées de sapins qui se balancent tristement dans les airs; végétation monotone, d'où le vent tire, par intervalle, de longs gémissements qui captivent la pensée et portent l'âme à la mélancolie; mystérieuse harmonie dont l'homme ne peut qu'éprouver le charme sans l'approfondir.

25 novembre. — Le Tyrolien habitant des campagnes est actif et laborieux, il cultive bien ses champs, et en tire tout le parti possible; celui des villes, plus industrieux, aime le négoce; on voit régner chez lui l'aisance et la gaieté, son costume dégagé et original lui sied à merveille : chapeau pointu, orné d'une plume d'aigle, veste ronde, bretelles vertes, enjolivées, se croisant sur la poitrine, gilet rouge, culotte courte, bas de couleur et bottines.

L'habillement des femmes n'est pas moins agréable : elles portent un joli corsage retenu par des chaînes en or, en argent, ou en acier poli; quelques-unes ont un bonnet de fourrure de forme allongée, mais la plupart ont la tête découverte, sans autre ornement que leurs cheveux tressés.

26 novembre. — J'ai quitté Inspruck à huit heures du matin, pour revenir à Munich, par un beau soleil. Les montagnes du Tyrol présentent un superbe spectacle, les torrents glacés restent immobiles, et leur festons de cristal suspendus aux rochers sont comme des lustres éblouissants sur lesquels viennent se refléter la lumière et les rayons du soleil.

CHAPITRE DIX-NEUVIÈME.

MUNICH.

> « Être bon avec ses semblables, et
> « humain envers les animaux, dé-
> « note un cœur droit et sensible. »

27 novembre. — Munich, ville charmante, qu'on a surnommée avec raison la moderne Athènes.

Le roi actuel, grand amateur des arts, a voulu y faire revivre les œuvres des époques anciennes. Ici l'on rencontre à chaque pas des monuments copiés sur ceux de Rome, et d'Athènes; l'amateur des beaux-arts y trouve d'abondantes jouissances, et l'artiste une source inépuisable d'études et de perfectionnements.

L'Isar, rivière impétueuse, sur laquelle on

fait descendre des radeaux en bois, baigne les murs de la ville et fournit de l'eau en abondance ; les rues, longues et larges, surtout les nouvelles, sont bordées de belles maisons parmi lesquelles s'élèvent des palais.

Le catholicisme étant ici la religion dominante, on y voit beaucoup d'églises. Notre-Dame (Frauen Kirche). La cathédrale, vaste édifice couronné de deux tours d'une grande élévation, offre un caractère noble et majestueux. Sa voûte est soutenue par vingt-quatre colonnes octogones qui divisent son intérieur en trois nefs. Elle renferme quelques tableaux de prix et le riche mausolée de l'empereur Louis de Bavière ; le tombeau et les figures qui le décorent sont en bronze et reposent sur un socle en marbre rouge, à deux marches. Le sommet porte une couronne entre deux figures allégoriques : la Sagesse portant le sceptre de l'empereur et le globe du monde; le Courage tenant son glaive et son bouclier. Aux quatre coins du degré inférieur, sont placés quatre hommes d'armes, qui, un genou en terre, soutiennent de la main droite une lance ornée de son panonceau.

Le tombeau est percé d'ouvertures qui permettent au regard de pénétrer dans l'intérieur et d'y voir, sculptée en demi-bosse avec une finesse et une pureté remarquables, Marie-Béatrix de Glogau, épouse de l'empereur, et son fils aîné, Étienne.

L'église Saint-Michel. Les restes du prince Eugène de Beauharnais y reposent; un magnifique monument dû au ciseau du célèbre Thorwaldsen les recouvre. Le prince, debout sur le sarcophage, tient d'une main une couronne de lauriers; à sa droite, la muse écrit l'histoire; à sa gauche deux génies tiennent chacun une torche renversée, sur le socle de ce monument on lit ces mots français : « *Honneur et fidélité.* »

L'église moderne de Tous-les-Saints, imitation de Saint-Marc de Venise, est un fort joli petit monument. L'église Saint-Louis, dans la Ludwigt-Strasse, nouvellement bâtie, est ornée de deux tours carrées surmontées de clochetons, à l'intérieur elle est décorée de peintures à fresques dues au pinceau de Cornelius.

On rencontre ici une foule de musées et de palais; la salle du trône, au palais des États, est ornée dans tout son pourtour des statues, en bronze doré, des princes de Bavière. On y lit au-dessus du trône l'inscription suivante : « *Melius bene imperare quam imperium ampliare.* »

Sur l'une des places publiques est érigé un obélisque à la mémoire des trente mille Bavarois morts dans la guerre de Russie.

La place Maximilien, où s'élève la statue de ce prince, est fort belle ; sa forme est celle d'un carré régulier. En somme, au point de vue scientifique et artistique, Munich ne le cède en rien aux plus grandes villes de l'Europe. Histoire naturelle, physique, observatoire, bibliothèque, jardin botanique, école de médecine, écoles vétérinaire, des beaux-arts, polytechnique, toutes ces institutions s'y trouvent réunies. Elle possède aussi un cabinet de médailles fort important et une fabrique de mosaïques.

L'établissement philanthropique du comte du Rumfort, dont les soupes économiques, connues de toute l'Europe, rendirent de si grands services pendant la disette de 1812 et 1813, subsiste encore. Je l'ai vu avec d'autant plus d'intérêt, que, bien jeune encore, j'en avais ouï parler souvent à Pouilly, où mon excellent oncle, dans ces temps de misère, y avait plus d'une fois eu recours pour soulager les indigents. Une société protectrice des animaux s'y est fondée depuis peu ; elle fait honneur à M. Perner, son fondateur. L'animal a ses droits aussi bien que l'homme, nous lui devons aide et protection, et d'ailleurs que deviendrions-nous sans lui ?

Le cimetière n'est pas ce qu'il y a de moins intéressant à voir ici. On a peur de la mort, et encore plus d'être enterré vivant ; c'est une affaire sérieuse en effet. La sagesse et la prudence de la moderne Athènes ont paré à ces craintes en faisant établir dans ses cimetières des galeries vitrées où l'on expose les morts après leur décès pendant quarante-huit heures ; chacun peut les voir du dehors, et, afin de rendre l'aspect de la mort moins hideux, on les revêt de leurs plus beaux habits, et on les entoure de fleurs.

Un cordon de sonnettes est attaché à leur main ; la planche sur laquelle ils reposent, espèce de hamac en bois, est d'une telle mobilité, que si le moindre signe de vie se manifestait, un mécanisme fort ingénieux ferait mouvoir à l'instant plusieurs sonnettes qui avertiraient les gardiens veillant nuit et jour à l'entrée de la salle d'exposition. Beaucoup de gens profitent de cet usage pour revoir encore une dernière fois les traits des personnes qui leur furent chères. Les fleurs sont en grand honneur ici, les fenêtres et les balcons des habitations, l'intérieur même et les escaliers en sont garnis, le lierre au feuillage sombre et rampant y étale aussi ses rameaux flexibles, et y entretient une verdure continuelle.

La bière est la boisson favorite du pays, aussi s'en fait-il un commerce considérable et s'en expédie-t-il beaucoup au dehors; elle passe pour la meilleure de toute l'Allemagne.

J'ai pénétré dans l'un des principaux établissements où elle se fabrique et se débite en même temps à un public nombreux, dans de vastes salles qui jouent ici le rôle de nos cafés. Par malheur dans ces estaminets enfumés, l'air pur est vicié par les âcres vapeurs d'un tabac qui enivre et alourdit la tête.

Les environs de cette grande ville offrent peu d'intérêt, le sol en est ingrat, la végétation y est peu florissante.

9 décembre. — Nimphembourg. Résidence royale d'été, son parc et ses eaux en font un séjour délicieux.

Les paysannes bavaroises ne manquent pas de grâce ni de beauté, leur costume diffère peu de celui des femmes suisses; leurs cheveux divisés en larges nattes, artistement roulés autour de leur tête, sont retenus au sommet par un ornement or ou argent sous la forme d'une coquille. Quant à celui des hommes endimanchés, il est à peu près le même dans toute l'Allemagne : chapeau tricorne rabattu sur le devant, habit bleu, à collet droit, à larges basques avec boutons de métal, gilet rouge, culotte de peau couleur chamois, bas blanc, bottes ou souliers.

CHAPITRE VINGTIÈME.

AUGSBOURG, ULM, GOPPINGEN, STUTTGARD, CARLSRUHE, BADE, RASTADT, KEHL.

« Usez de la vie avec sagesse et « modération, elle vous sera toujours « douce et agréable même à son dé- « clin. »

10 décembre. — De Munich à Augsbourg, par une voiture de retour, à mi-chemin, j'ai couché dans un village perdu au milieu d'une forêt de longues perches de la hauteur de douze à quinze pieds, servant de tuteurs aux pampres grimpants du houblon, dont la fleur est indispensable à la confection de la bière. A cette culture vient se joindre celle des céréales et celle des pommes de terre, précieux tubercule importé par le docteur Parmentier, l'un des plus grands bienfaiteurs de l'humanité. L'assolement des terres m'a paru des mieux appropriés à la nature du sol.

Les routes et les chemins ordinaires sont bien entretenus; tout révèle ici le travail bien ordonné d'une population active et intelligente.

L'Allemagne est éminemment agricole, son sol est fertile, bien qu'il y ait, comme dans tous les vastes États, quelques contrées moins heureuses et moins favorisées. Le trop-plein de la population *émigre* pour aller peupler les déserts de l'Amérique.

Singulière destinée que celle de ces enfants du Nord, entraînés irrésistiblement dans des régions qui leur sont inconnues. Ces migrations sont d'autant plus funestes aux populations que c'est toujours la jeunesse qui s'en va.

11 et 12 décembre. — Augsbourg, sur les bords du Lech, cité commerçante et industrielle, autrefois la métropole financière de l'Europe. Il n'y a pas longtemps qu'elle était désignée dans les transactions commerciales sous le nom d'*Auguste*. On y compte des fortunes considérables, son hôtel de ville, vaste et spacieux édifice d'une architecture régulière, l'hôtel du gouvernement, où fut lue la célèbre

Confession d'Augsbourg, en présence de Charles-Quint, en 1530. Sa cathédrale, dont les vitraux sont fort beaux, sa galerie de tableaux et sa bibliothèque sont toutes choses intéressantes à y voir.

C'est à Augsbourg que Luther, ex-moine à Erfurt, et Mélanchthon, son ami, rédigèrent cette confession d'Augsbourg. Aussi luthériens et calvinistes y sont-ils nombreux, la différence entre ces deux communions est légère, le point essentiel qui les divise est dans la communion; les luthériens communient avec l'hostie, les calvinistes avec le pain et le vin. Ce sont là des dissensions de famille que le temps aplanira, le jour où, éclairant tous les peuples épars sur la terre, il les ralliera sous une seule et même croyance, en un Dieu clément et miséricordieux.

13 décembre. — D'Augsbourg à Ulm.

14 décembre. — Ulm, la seconde ville du royaume du Wurtemberg, située au confluent du Blau et du Danube, n'a pas l'importance militaire que je lui supposais; mes souvenirs du jeune âge l'avaient exagérée dans mon imagination. Ses fortifications, en assez mauvais état, ses rues mal alignées, ses vieilles maisons noircies par le temps, lui donnent un aspect triste et sévère. Sa cathédrale, occupée par les luthériens, se recommande par la richesse et la beauté de son architecture gothique et les stalles en bois sculpté qui garnissent les deux côtés du chœur.

J'ai parcouru son enceinte extérieure et gravi la pente du Frauenberg, et je suis revenu au Michelsberg. C'est à mi-côte de cette hauteur que Napoléon, enivré de gloire, vit défiler sous ses yeux les trente mille soldats du général autrichien Mack, qu'il avait si habilement bloqués dans Ulm.

15 décembre. — D'Ulm à Stuttgard, sol accidenté, mais peu fertile. Geislingen, petite ville dans une vallée, dont les revers boisés ont un aspect agréable. On y fabrique des jouets d'enfants, dont il se fait un grand commerce.

Midi, Gappingen, ville aussi industrielle. Je côtoie les rives du Necker; à droite et à gauche de cette rivière, ce ne sont que charmants coteaux plantés alternativement de vignes et de futaies magnifiques.

16 décembre. — Stuttgard, dans une jolie vallée, dont les pentes légèrement accidentées sont couvertes de vignes. Malgré l'irrégularité de ses constructions, elle a quelques belles rues, dont la plus remarquable est celle du Graben. J'y ai rencontré le roi se promenant tout seul, un parapluie sous le bras. « Heureux, me « suis-je dit en le voyant, le souverain qui peut « avec tant de confiance se mêler parmi ses « sujets ! »

17 décembre. — Après les curiosités de la ville, j'ai désiré connaître le château de la Solitude, séparé de Stuttgard par un court trajet, dont on a fait une charmante promenade. Cette habitation royale offre une position et une vue admirables.

18 décembre. — De Stuttgard à Carlsruhe. Malgré l'heure matinale on rencontre des bergers qui se dirigent avec leurs troupeaux vers la pente des vallées. Étrangers à toutes les agitations politiques, ces heureux pasteurs expriment à leur manière, dans des chants primitifs, la joie et le bonheur qu'ils éprouvent.

19 décembre. — Carlsruhe, capitale du grand-duché de Bade. Ville régulière, bien bâtie, moderne, présentant à l'œil la forme d'un éventail.

Son palais, son parc et ses jardins en font un séjour délicieux.

Passé la soirée au théâtre, où l'on jouait *Geneviève de Brabant*. J'ai revu avec plaisir cet opéra d'autrefois, dont la musique excellente a été ici fort bien exécutée. Les Allemands ont plus de consistance dans leurs goûts que les Français; il y a longtemps qu'en France cet opéra est délaissé pour d'autres qui ne le valent pas.

20 décembre. — Bade, charmant pays, contrée douce bien qu'un peu sauvage, offrant un aspect imposant et calme, où l'âme vient se retremper avec bonheur aux sources immortelles et toujours splendides de la nature.

21 décembre. — Rastadt, où furent assassinés les députés de la République française, le 9 floréal an VII (28 avril 1799), ville militaire qui n'a pas grand intérêt. On voit à Salzbach, non loin de là, le monument élevé à la mémoire de Turenne, sous forme de pyramide, à l'endroit même où il fut frappé par un boulet, le 27 juillet 1675.

22 décembre. — Vallée du Rhin. Bornée à l'est par les montagnes de la forêt Noire, à l'ouest par une partie de la chaîne des Vosges, elle est parsemée de charmantes habitations qui se dessinent sur un fond de verdure, accentué çà et là par des bouquets de bois.

Kehl, six heures du soir.

CHAPITRE VINGT ET UNIÈME.

STRASBOURG, BISCHWILLER, LUNÉVILLE, NANCY, TOUL, JOINVILLE, DOMREMY, TROYES, POUILLY-SUR-LOIRE.

« Nous arrivons en ce monde sans « le vouloir et nous le quittons de « même. »

23 décembre. — Strasbourg. Sa magnifique cathédrale, l'un des monuments les plus élevés qui soient au monde ; ses maisons aux pignons hardis, aux toits rapides, aux nombreuses lucarnes ; ses rues petites et tortueuses ; ses vieilles tours, débris d'antiques donjons ; ses sympathies pour la paisible cigogne qui fait son nid avec confiance sur le faîte de ses habitations ; son aspect parfois brumeux, la variété des langues qu'on y parle (allemand et français), donnent à cette cité un cachet tout particulier. C'est bien ainsi qu'on comprend la ville qui nous sépare de l'Allemagne aux mœurs patriarcales.

Plus j'approche du terme de mon voyage, plus j'abrége mes citations, je me bornerai à citer dans Strasbourg deux monuments : sa cathédrale (le *Munster*), édifice sans égal, et le tombeau du maréchal de Saxe, sculpté par Pigalle, œuvre d'art des plus remarquables. Quel calme et quelle sérénité dans les traits de ce héros descendant dans la tombe, sans crainte ni mépris de la mort!

24 décembre. — Passé une journée délicieuse avec la famille H..., dont j'ai connu intimement le fils à Vienne, pendant mon séjour dans cette capitale. J'ai trouvé chez elle l'hospitalité la plus généreuse et la société la plus aimable.

25 décembre. — Bischwiller. Me rappelant les bons rapports que j'ai eus avec ses habitants, je n'ai point voulu passer si près sans la revoir, car son commerce et son industrie ont contribué à ma petite fortune. On y fabrique des draps et autres étoffes de laine, je fais des vœux sincères pour sa prospérité; l'habitant de Bischwiller, affable de sa nature, est manufacturier et agriculteur; qu'il reste fidèle aux bonnes et vieilles traditions : la culture du sol lui donnera de quoi traverser les mauvais jours; dans les temps ordinaires, son industrie, qu'il ne cessera de perfectionner, sous peine de la voir déchoir, lui procurera les jouissances dont le travailleur a besoin.

26 décembre. — De Bischwiller à Nancy. Je traverse successivement Saverne, jolie petite ville sur les dernières pentes de la chaîne des Vosges; Phalsbourg, renommée par ses liqueurs, patrie du maréchal Lobau, puis la régulière et jolie Lunéville.

Toute cette contrée est fort belle, le sol y est fertile, la population est magnifique. Les femmes, propres et actives, se distinguent par une belle carnation; leur mise, quoique simple, n'est pas dépourvue d'une certaine coquetterie qui leur sied à merveille.

27 décembre. — Nancy, dont la beauté est proverbiale, réédifiée et embellie par le vertueux Stanislas.

J'ai passé la journée à visiter ce qu'elle a de plus intéressant. La place Royale, l'hôtel de ville, le musée, la place Carrière, la jolie promenade de la Pépinière, le château gothique des ducs de Lorraine, la chapelle ducale, puis l'endroit où fut trouvé le corps de Charles le Téméraire, duc de Bourgogne, après sa défaite par René II, le 5 janvier 1477.

28 décembre. — De Nancy à Toul, l'ancienne Tullum sous César. Elle était la capitale des Leuci, c'est assez dire que cette ville remonte à une haute antiquité. La Moselle baigne ses murs, puis s'écoule en serpentant dans de vastes prairies qu'elle fertilise. Je ne mentionnerai qu'un seul de ses monuments, sa cathédrale gothique, dont les tours sont couronnées de festons. — Toul à Joinville. Sol inégal et montueux ; pays très-important par son industrie métallurgique, on y trouve à la fois de nombreuses mines de fer et les bois nécessaires à son exploitation.

Le sol arable, aux mains d'une population laborieuse, y est bien cultivé, et donne d'excellents produits en céréales, vins et fruits.

29 décembre. — Joinville, où naquit le fameux cardinal de Lorraine. Les pierres de son fastueux manoir féodal ont été dispersées par la tourmente révolutionnaire; une nature vigoureuse a repris ses droits et vaincu l'aristocratie; l'esprit humain en brisant ses fers en a jeté les débris à la tête de ses oppresseurs.

La Marne traverse Joinville du sud au nord; son cours sinueux et parfois resserré est d'un grand secours pour le pays; quantité de forges et d'autres usines sont venues s'asseoir sur ses rives; la douce et bonne rivière les accueille et leur prête généreusement son concours.

30 décembre. — Parti de bonne heure pour Domremy, village situé à près de quatre lieues d'ici, où réside ma famille.

La journée s'annonce favorablement, les premiers rayons du soleil viennent dorer la cime rocheuse des monts qui bordent la Marne, de nombreux attelages sont dispersés dans la plaine et s'apprêtent à tracer des sillons; c'est une belle matinée.

Je passe par Saint-Urbain, charmant village qui doit son nom et son origine à une abbaye fort célèbre, fondée par Charles le Chauve.

Après deux heures d'une marche pénible, par des chemins raboteux et accidentés, à travers monts et vaux, je découvre Domremy. A sa vue, j'éprouve un serrement de cœur difficile à décrire. Je hâte le pas, considérant de temps à autre les magnifiques bois qui le contournent d'une manière si heureuse du levant au couchant. J'avais traversé ces bois si souvent lorsque, jeune encore, j'allais à l'école au village de Pautaine, et que chemin faisant, courant dans ses jolies clairières tapissées d'herbes fines, j'y cueillais des fraises et des fleurs pour ma mère.

Arrivé à la maison paternelle, je tressaille de joie; je me jette dans les bras de mon père. Hélas! il était seul. Ma mère n'est plus; elle qui m'aimait tant, il ne m'a pas été donné de lui fermer les yeux : « O mon Dieu, que la paix « soit avec elle, rends-lui frais et doux le tom« beau où tu l'as fait descendre, et qu'au réveil « du jugement dernier, elle croie n'y être restée « qu'un instant. Donne à son âme la vie future, « délicieuse et éternelle. »

Pauvre mère, il me semble encore la voir, et entendre sa voix douce et affectueuse. Elle m'appelait toujours « notre Baptiste », expression douce et familière.

Enfin! il faut savoir se résigner, la vie n'est qu'un passage. A peine arrivé, il faut songer à partir. Heureux ceux qui s'y préparent!

31 décembre. — Je vais à Mâconcourt, j'y revois avec plaisir tout ce qui enchantait mon enfance, je n'y étais pas venu depuis bien des années : la chaumière où je suis né, entourée de son petit verger; les pentes des vallées où je menais paître les quelques moutons confiés à ma garde; la fontaine où je les faisais boire. Arrêtant l'eau qui s'écoulait, je me plaisais à la faire ruisseler en petites cascades, amusement innocent, et qui alors était fort de mon goût.

Je revis dans ces souvenirs, qui me reportent à une époque déjà bien éloignée où je recevais avec joie les embrassements et les bénédictions paternels. Les réminiscences du jeune âge sont toujours chères, et l'esprit les oublie difficilement. Il m'arrive parfois de regretter ces lieux dont les habitudes calmes et paisibles s'harmonisaient si bien avec mon caractère. La fortune ne suffit pas à nous procurer le bonheur.

J'ai voulu revoir la vieille église de mon village, son rustique autel, où, sous les yeux de ma mère, je venais prier et entendre la messe. « C'est là, me dis-je que j'ai été baptisé, c'est dans cette enceinte sacrée que j'ai reçu les premiers principes d'une religion qui a guidé mes pas dans la vie, et dont j'espère bien garder la foi jusqu'à ma dernière heure.

1er janvier. — En me levant je cours embrasser mon père et lui souhaiter une bonne année. Quoi de plus doux et de plus précieux que les joies de la famille! Au village le jour de l'an est une grande fête, il est peu de personnes qui n'aillent entendre la messe ce jour-là. Ce premier devoir rempli, on se met à faire ses visites; chacun se rend chez ses parents; les enfants marchent devant, recevant de petites étrennes qui les ravissent; pour les rendre heureux il suffit de fruits, de quelques œufs. A la campagne on s'entr'aide mutuellement et avec simplicité. Ici la différence de position, de fortune, n'arrête pas l'effusion du cœur. Plaignons les hommes qu'un peu d'or rend orgueilleux et inhumains.

2 janvier. — Je me sépare de mon père avec un bien vif regret. J'ignorais que ces adieux dussent être les derniers. Hélas! je ne devais plus le revoir!

De Domremy à Troyes par Doulevent et Brienne, qui en 1814 subit durement les malheurs de la guerre.

3 janvier. Troyes. — L'ancienne Augustobona des Romains, qui a vu Attila, ce fameux roi des Huns. Sa cathédrale, dédiée à saint Pierre, se distingue par la beauté et la richesse de son architecture ogivale, et par des vitraux encore assez bien conservés qui versent dans son enceinte un jour religieux et méditatif.

4 janvier. — De Troyes à Paris.

5 janvier. — Paris. Après avoir serré la main à de bons parents, à quelques vrais amis, je cours à Pouilly embrasser mon digne et excellent oncle; sa vue remplit mon cœur de joie.

Ici finit ma course. Je dépose mon bâton de pèlerin et retourne à mes guérets de la Florianne, en rendant grâce à Dieu d'être revenu sain et sauf d'un aussi long voyage.

PLAN DE L'ÉGLISE DU SAINT-SÉPULCRE

A L'ÉCHELLE DE CINQ MILLIMÈTRES PAR MÈTRE.

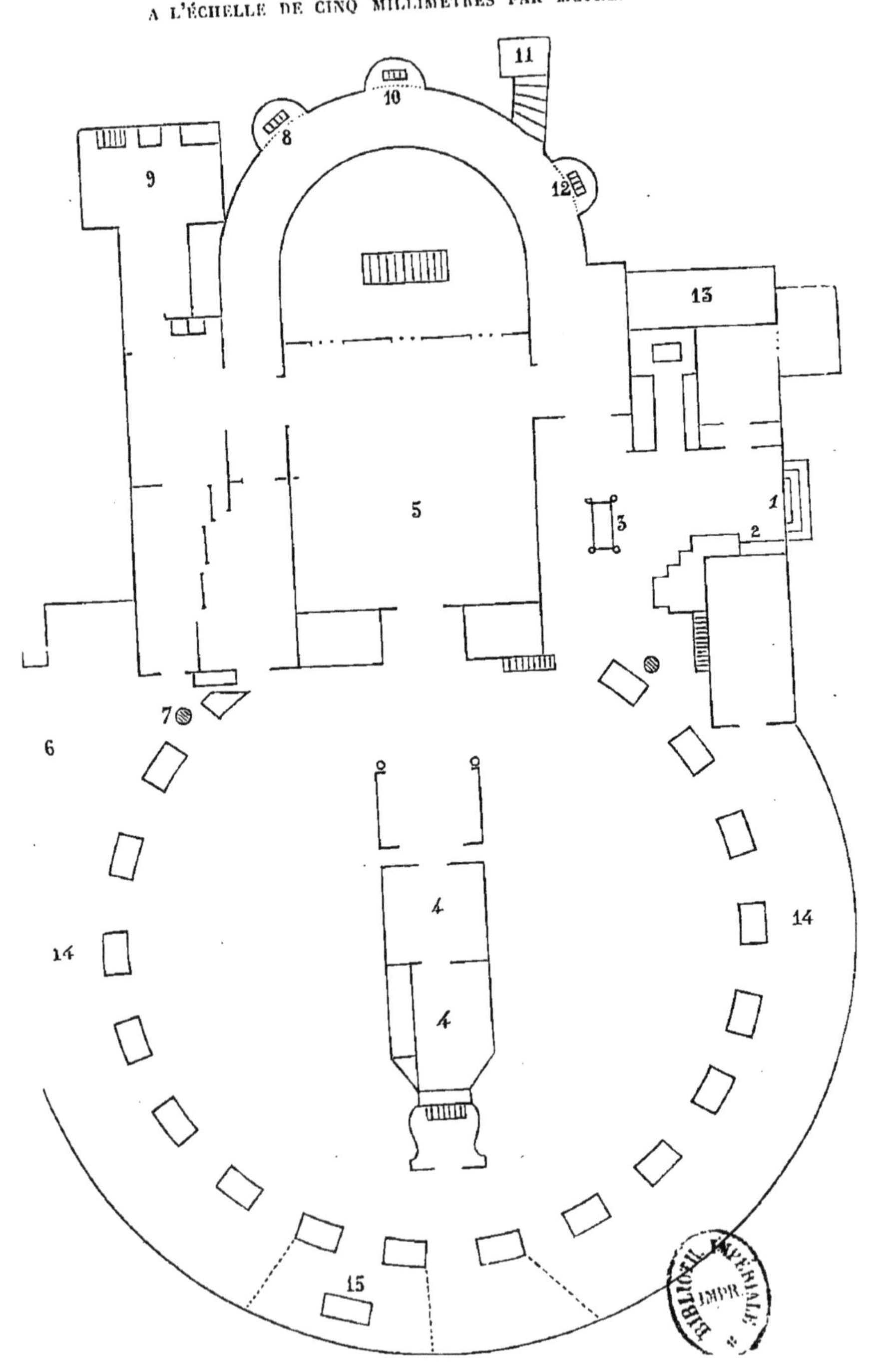

BIBLIOTH. IMPÉRIALE IMPR.

LIEUX CONSACRÉS :

1. Porte d'entrée de l'église.

2. Place où se tiennent les musulmans chargés de recevoir le droit d'entrée.

3. Pierre de l'onction.

4. Saint Sépulcre.

5. Chapelle des Grecs schismatiques.

6. Chapelle de l'apparition appartenant aux Latins.

7. Le lieu où le Christ se fit voir à sainte Madeleine sous forme de jardinier.

8. La colonne où le Christ fut attaché et flagellé.

9. Le lieu où le Christ fut enfermé pendant les apprêts du crucifiement.

10. Chapelle où, dépouillé de ses vêtements, ils furent partagés par les soldats.

11. Chapelle souterraine où fut trouvée la vraie croix.

12. Chapelle où le Christ fut couronné d'épines et raillé ensuite par les soldats.

13. Le mont Golgotha où fut élevé le Calvaire.

14. Couloir séparant le gros mur des piliers de la rotonde où se trouve le Sépulcre.

15. Tombeau de Joseph d'Arimathie.

TABLE

BIBLIOTHÈQUE IMPÉRIALE IMPR.

FIN.

PARIS. — J CLAYE, IMPRIMEUR, 7, RUE SAINT-BENOIT — (268)

www.ingramcontent.com/pod-product-compliance
Ingram Content Group UK Ltd.
Pitfield, Milton Keynes, MK11 3LW, UK
UKHW020314200726
13857UKWH00001B/164